Medizinische Informatik und Statistik

Herausgeber: S. Koller, P. L. Reichertz und K. Überla

53

Wolfgang Köpcke

Zwischenauswertungen und vorzeitiger Abbruch von Therapiestudien

Gemischte Strategien bei gruppensequentiellen Methoden und Verfahrensvergleiche bei Lebensdauerverteilungen

Springer-Verlag
Berlin Heidelberg New York Tokyo 1984

Reihenherausgeber
S. Koller P. L. Reichertz K. Überla

Mitherausgeber
J. Anderson G. Goos F. Gremy H.-J. Jesdinsky H.-J. Lange
B. Schneider G. Segmüller G. Wagner

Autor
Wolfgang Köpcke
Institut für Medizinische Informationsverarbeitung,
Statistik und Biomathematik, Marchioninistr. 15, 8000 München 70

ISBN 3-540-13373-9 Springer-Verlag Berlin Heidelberg New York Tokyo
ISBN 0-387-13373-9 Springer-Verlag New York Heidelberg Berlin Tokyo

CIP-Kurztitelaufnahme der Deutschen Bibliothek
Köpcke, Wolfgang: Zwischenauswertungen und vorzeitiger Abbruch von Therapiestudien: gemischte Strategien bei gruppensequentiellen Methoden u. Verfahrensvergleiche bei Lebensdauerverteilungen / Wolfgang Köpcke. - Berlin; Heidelberg; New York; Tokyo: Springer, 1984.
(Medizinische Informatik und Statistik; 53)
ISBN 3-540-13373-9 (Berlin ...)
ISBN 0-387-13373-9 (New York ...)
NE: GT

Druck- und Bindearbeiten: Weihert-Druck GmbH, Darmstadt
2145/3140 – 5 4 3 2 1 0

Vorwort

Als 1980 im Rahmen des Programms der Bundesregierung "Forschung und Entwicklung im Dienste der Gesundheit" die ersten Therapiestudien durch das Bundesministerium für Forschung und Technologie gefördert wurden, begann eine langdauernde Diskussion zwischen Biostatistikern, Klinikern, Juristen und Ministerialbeamten über den Fragenkomplex "Patientenaufklärung, Zwischenauswertungen und vorzeitiger Studienabbruch". Diese im wesentlichen von den Juristen initiierte Diskussion zeigte die Notwendigkeit, biostatistische Verfahren bereitzustellen bzw. neu zu entwickeln, die den juristischen und ethischen Anforderungen für Therapiestudien besser gerecht werden.

Diese Arbeit, die die überarbeitete Version meiner Habilitationsschrift (1982) darstellt, hat zum Ziel bekannte statistische Verfahren für den Problembereich - Zwischenauswertungen und Studienabbruch - aufzugreifen und darzustellen. Darüberhinaus werden neue Verfahren entwickelt, die den Gegebenheiten, die bei der Planung, Durchführung und Auswertung von Therapiestudien oft entstehen, besser angepaßt sind.

Mein Dank gilt zunächst Prof. Dr. K. Überla, der das Entstehen dieser Arbeit maßgeblich initiiert und gefördert hat. Prof. Überla ist es in den zehn Jahren meiner Institutszugehörigkeit immer wieder gelungen aktuelle Fragestellungen aufzugreifen. Darüberhinaus hat er es verstanden seine Beharrlichkeit und seinen Enthusiasmus auf seine Mitarbeiter zu übertragen.

Prof. Dr. H.-J. Jesdinsky danke ich für die kritische Durchsicht der Arbeit sowie die konstruktiven Anregungen und Diskussionen.

Meinen Kollegen aus dem Institut für Medizinische Informationsverarbeitung, Statistik und Biomathematik und insbesondere aus dem Biometrischen Zentrum verdanke ich nicht nur konstruktive Anregungen sondern durch Entlastung bei den Routinearbeiten den notwendigen Freiraum für diese Arbeit. Frau Baedeker danke ich für die zügige und korrekte Durchführung der Schreibarbeiten.

München, im Mai 1984 W. Köpcke

Inhaltsverzeichnis Seite

1. Einleitung und Fragestellung

Therapeutische Studien dauern nicht selten mehrere Jahre. Meist werden die Patienten über einen längeren Zeitraum hinweg in die Studie aufgenommen, so daß schon in der Rekrutierungsphase Teilergebnisse anfallen. Es ist gängige Praxis, solche Zwischenergebnisse während die Rekrutierung, Behandlung oder Nachbeobachtung noch in vollem Gange ist, zu inspizieren, analysieren und interpretieren (Pocock 1978, Boissel et al. 1979, Köpcke et al. 1981, Köpcke 1982, Neiß et al. 1982).

Mit den Zwischenauswertungen werden verschiedene Ziele verfolgt (Pocock 1981, Boissel et al. 1979, Hill et al. 1979, Pocock 1979, Prescott 1979, Gail 1982)

1. Das Hauptziel für Zwischenauswertungen ist zu untersuchen, ob sich Unterschiede zwischen den verschiedenen Therapien ergeben und, ob diese Unterschiede so überzeugend und wichtig sind, daß die Therapiestudie vorzeitig abzubrechen ist.

2. Es ist notwendig, Nebenwirkungen von Therapien zu überwachen, um gegebenenfalls zu intervenieren.

3. Es ist wichtig zu überprüfen, ob alle Teilnehmer das Studienprotokoll befolgen. (Zahl der einzubringenden Patienten, Ein- und Ausschlußkriterien, Therapieschemata usw.). Durch das frühzeitige Erkennen von Abweichungen kann eine schnelle Rückkoppelung mit den Teilnehmern erfolgen und ein Qualitätsverlust bzw. Scheitern der Studie verhindert werden.

4. Zwischenauswertungen ermöglichen dem Statistiker die Qualität der Dokumentation zu überprüfen, die Organisation der Datenübermittlung zu beurteilen, Auswertungs-Strategien zu erproben und damit für die Endauswertung zu einer schnellen, fehlerfreien und sachgerechten Analyse zu gelangen.

5. Informationen an die beteiligten Institutionen und Personen sind unerläßlich zur Motivation und zur Befriedigung des wissenschaftlichen Interesses.

Zwischenauswertungen und Studienabbruch erfordern neue bzw. verfeinerte methodische Instrumente (Überla 1981b, Victor 1981). Die von Pocock (1978) beschriebene Situation, daß bei den meisten Therapiestudien zwar in der einen oder anderen Form Zwischenanalysen stattgefunden haben, daß diese Auswertungen in der Regel aber methodisch schlecht oder sogar falsch durchgeführt wurden, scheint sich neuerdings gebessert zu haben (Lachin 1981, NIH 1977, 1979). Andererseits sind viele methodischen Einzelfragen noch entwicklungsbedürftig bzw. noch ungeklärt (Köpcke et al. 1981).

Als wichtigstes methodisches Instrument für Zwischenauswertungen gelten heute die gruppensequentiellen Methoden (Pocock 1977, 1982, O'Brien-Fleming 1979, Fleming 1982). Ein wesentlicher Teil dieser Arbeit soll in der Darstellung und Weiterentwicklung dieser Methoden bestehen. Daneben werden Probleme und Lösungsansätze diskutiert, die bei Zwischenauswertungen mit sogenannten zensierten Lebensdauerdaten entstehen. Die methodische Literatur auf diesem Gebiet ist in den letzten Jahren geradezu explosionsartig angestiegen [1]. Der Aspekt von Zwischenauswertungen und Studienabbruch bei zensierten Lebensdauerdaten wurde dagegen nur spärlich behandelt, zumal analytische Lösungen meist unmöglich sind (Köpcke 1981).

Das Ziel dieser Arbeit ist es

- anhand von typischen Beispielen aus der Literatur Problemfelder zu beleuchten, die sich bei Zwischenauswertungen und Abbruch von Therapiestudien immer wieder ergeben.

---

[1] Siehe z.B. die bibliographischen Hinweise der Bücher Kalbfleisch-Prentice (1980), Elandt-Johnson (1980) und Miller et al. (1981)

- Generelle Aspekte und Probleme bei Zwischenauswertungen und Studienabbruch darzustellen
- eine Verfahrensübersicht der sequentiellen Methoden und der Testverfahren für zensierte Lebensdauerdaten zu geben, die es Medizinern und Biometrikern ermöglichen soll, diese Verfahren in der Praxis anzuwenden
- die bisher bekannten gruppensequentiellen Ansätze zu sogenannten gemischten Strategien zu erweitern, die bei in der Praxis häufig anzutreffenden Parameterkonstellationen den alten Verfahren überlegen sein könnten
- durch Simulationen zu untersuchen, welche Ansätze beim Vergleich von zensierten Lebensdauerdaten für Zwischenauswertungen und vorzeitigem Studienabbruch am besten geeignet sind.

2. Allgemeines

2.1 Typische Beispiele aus der Literatur

In allen drei Beispielen aus der Literatur wurde partiell oder total ein Studienabbruch vorgenommen. Anhand dieser Therapiestudien soll illustriert werden, welche Situationen, die zu einem Abbruch führen, in der Realität auftreten können. Weiterhin sollen die methodischen Ansätze und Probleme dargestellt werden. Außerdem soll aufgezeigt werden, wie der Entscheidungsprozeß in der Praxis ablaufen kann.

2.1.1 University Group Diabetes Program (UGDP)-Studie

Die University Group Diabetes Program Studie war eine randomisierte, multizentrische Therapiestudie zur Überprüfung der Wirksamkeit oraler Antidiabetika (University Group Diabetes Program 1970a, 1970b, 1971a, 1971b, 1975, 1976, 1978). Die Patientenrekrutierung begann 1961. 1975 wurde die Studie beendet. Fünf Therapien sollten in der Studie untersucht werden. Standarddosiertes Insulin, variabel dosiertes Insulin, Tolbutamid, Phenformin und Plazebo (Diät). Dabei wurde in der Hälfte der 12 teilnehmenden Kliniken kein Phenformin verabreicht, in der anderen Hälfte kein Tolbutamid. Aufgenommen wurden Patienten, bei denen in den letzten 12 Monaten vor Studieneintritt ein Diabetes entdeckt worden war. Ausschlußkriterien waren ein negativer standardisierter Glukose-Toleranz-Test, eine Ketoazidose, Ketose während alleiniger einmonatiger Diät und schwere Beeinträchtigungen insbesondere eine wahrscheinliche Lebenserwartung von weniger als 5 Jahren. Methodisch statistische Strategien für die regelmäßig stattfindenden Zwischenauswertungen gab es bei der UGDP-Studie nicht.

Ende 1970 ergab sich bei den Kliniken, in denen Tolbutamid verabreicht wurde, folgendes Ergebnis:

Tabelle 2.1

UGDP-Studie - Zwischenergebnis 1970 in den Kliniken mit Tolbutamidbehandlung

Behandlungsgruppe	Gesamtzahl	Gesamtmortalität		Kardiovaskuläre Mortalität	
Plazebo	205	10,2 %	(21)	4,9 %	(10)
Tolbutamid	204	14,7 %	(30)	12,7 %	(26)
Standard Insulin	210	9,5 %	(20)	6,2 %	(13)
Variables Insulin	204	8,8 %	(18)	5,9 %	(12)

Bei den kardiovaskulären Todesfällen ergab sich ein signifikanter Unterschied ($p < 0,01$) zwischen der Tolbutamid-Gruppe und der Plazebo-Gruppe. Der Unterschied zwischen den beiden Behandlungsgruppen blieb auch bestehen, nachdem mit Hilfe des logistischen Modells Unterschiede in den Basisvariablen zwischen den Gruppen berücksichtigt worden waren. Auch bei nachträglich durchgeführten Simulationsuntersuchungen blieb der negative Effekt des Tolbutamids bestehen. Daraufhin wurde die Tolbutamid-Behandlung abgebrochen.

Bei einer Zwischenauswertung im Jahre 1971 ergaben sich die folgenden Ergebnisse bei den Kliniken mit Phenformin-Behandlung:

Tabelle 2.2

UGDP-Studie-Zwischenergebnis 1971 in den Kliniken mit Phenformin-Behandlung

Behandlungsgruppe	Gesamtzahl	Gesamtmortalität	Kardiovaskuläre Mortalität
Plazebo	64	9,4 % (6)	3,1 % (2)
Phenformin	204	15,2 % (31)	12,7 % (26)
Standard Insulin	68	8,8 % (6)	8,8 % (6)
Variables Insulin	65	6,2 % (4)	4,6 % (3)

Auch hier war die Differenz zwischen Plazebo und Phenformin bei den kardial bedingten Todesfällen signifikant ($p<0,01$). Unterschiede in den Basisvariablen konnten nicht entdeckt werden, so daß die Phenformin Behandlung sofort abgebrochen wurde. Die Entscheidung, die Phenformin-Behandlung zu beenden, hat keinerlei Widerspruch erregt, zumal dieses Medikament 1976 wegen des Auftretens von Laktatazidose in den USA und 1978 auch in Deutschland vom Markt genommen worden ist. Die Entscheidung,

die Tolbutamid Behandlung abzubrechen, hat dagegen eine Fülle von kontroversen Publikationen hervorgerufen und der Meinungsstreit ist bis heute noch nicht beendet (Committee for the Assessment of Biometric Aspects of Controlled Clinical Trials of Hypogycemic Agents 1975, Cornfield 1971, Feinstein 1971, 1976a, 1976b, Kilo et al. 1980, Schor 1971).
Die anhaltenden Diskussionen über die UGDP Studie zeigen deutlich, daß, wenn sich zwei Therapiearme nicht nur in den Zielmerkmalen sondern auch in den Basisvariablen unterscheiden, die Trennung der Effekte methodisch aufwendiger und schwieriger wird und außerdem die allgemeine Akzeptanz der Ergebnisse geringer wird. Darüberhinaus wurde bei dieser Studie auffällig demonstriert, daß Ergebnisse angezweifelt werden, wenn sie den Vorstellungen von Interessengruppen (z.B. Pharmafirmen) widersprechen.

Eine Folgerung aus der UGDP-Studie war, daß bei den folgenden Multizenterstudien zumindest ansatzweise statistisch methodische Überlegungen für Zwischenauswertungen und Studienabbruch bei der Planung berücksichtigt wurden.

2.1.2 Coronary Drug Project (CDP) - Studie

Das Coronary Drug Project (CDP) war eine randomisierte, doppelblinde, kontrollierte, multizentrische Therapiestudie (Coronary Drug Project Research Group 1970, 1972, 1973a,b, 1975, 1980, 1981, 1983). Das Hauptziel dieser Studie war die Evaluation der Wirksamkeit von lipidsenkenden Medikamenten zur sekundären Prävention von koronaren Herzkrankheiten. Als Medikamente wurden eingesetzt Östrogene in zwei Dosierungen, Clofibrat, Dextrothyroxin, Nikotinsäure und ein Laktose-Plazebo. Von März 1966 bis Oktober 1979 wurden in 53 teilnehmenden Kliniken insgesamt 8341 Patienten rekrutiert - ungefähr 1100 in jeder Verum Gruppe und 2789 in der Plazebo Gruppe. Aufgenommen in die Studie wurden männliche Patienten mit durch EKG verifiziertem Herzinfarkt in den letzten drei Monaten vor Eintritt in die Studie. Die Patienten wurden alle vier Monate nachuntersucht. Die minimale Nachuntersuchungszeit für einen Patienten betrug 5 Jahre, die maximale Zeit 8,5 Jahre. Im Sommer 1974 wurden die letzten Nachuntersuchungen planmäßig abgeschlossen.

Die Studie wurde begleitet von einem Daten und Sicherheits-Monitoring Committee (DSMC), dem halbjährlich eine ausführliche Zwischenauswertung sowie alle 2 bis 3 Monate eine kurze Basisauswertung vorgelegt wurde. Als methodisch statistische Strategien wurden das von Canner (1977a) beschriebene Verfahren für Lebensdauerdaten sowie ein von Cornfield (1966b, 1969) entwickelter entscheidungstheoretischer Ansatz eingesetzt.

Auf Empfehlung des Monitoring Committees wurde in drei Behandlungsarmen die Studie vorzeitig beendet. Dies waren beide Östrogen-Gruppen und die Dextrothyroxin Gruppe (Coronary Drug Project Research Group 1970, 1972, 1973a). Mit den restlichen Behandlungsgruppen - Clofibrat, Nicotinsäure und Plazebo wurde die Studie planmäßig fortgesetzt und beendet (The Coronary Drug Project Research Group 1975).

Abbruch in der hochdosierten Östrogen-Gruppe

Im Mai 1970 wurde entschieden, die 5mg/Tag Östrogenbehandlung wegen des erhöhten Auftretens von kardiovaskulären Ereignissen zu beenden. Grundlage für die Entscheidung war die folgende Tabelle (Coronary Drug Project Research Group, 1981). Die Risikogruppe 1, in der alle Personen mit einem vorherigen komplikationslosen Infarkt zusammengefaßt werden, zeigt einen deutlichen Anstieg der nichttödlichen Reinfarkte in der Östrogengruppe. Bei der Risikogruppe 2, die alle Patienten mit mehreren vorherigen Infarkten bzw. einem Infarkt mit Komplikationen umfaßte, war die Gesamtmortalität deutlich erhöht.

Tabelle 2.3

CDP-Studie Gesamtmortalität und nichttödlicher Reinfarkt in den Behandlungsgruppen, hochdosierte Östrogenbehandlung und Plazebo (Zwischenauswertung 1970)

Ereignis	Risikogruppe	Östrogen (5 mg/Tag)		Plazebo		
		N	%	N	%	z-Wert [1)]
Gesamtmortalität	alle	1118	8,1	2789	6,9	1,33
	1	738	5,1	1831	6,1	- 0,95
	2	380	13,9	958	8,5	3,02
nicht tödlicher Reinfarkt	alle	1022	6,2	2581	3,2	4,11
	1	684	6,7	1689	2,9	4,30
	2	338	5,0	892	3,7	1,05

Abbruch in der Dextrothyroxin-Gruppe

Im Oktober 1971 wurde die Dextrothyroxin-Behandlung beendet. Die Entscheidung gründete sich hauptsächlich auf die erhöhte Mortalität in der Dextrothyroxin-Gruppe im Vergleich zur Plazebo-Gruppe, obwohl der Unterschied in der Gesamtpopulation nicht signifikant war (Tabelle 2.4). Dagegen ergaben sich in einigen Untergruppen deutliche Unterschiede hinsichtlich der Mortalität zwischen Plazebo und Dextrothyroxin (Risikogruppe 2, Angina pectoris in der Vorgeschichte und Herzschlag > 70/min).

---

1) Der z-Wert in dieser und den folgenden Tabellen ist definiert als Differenz der relativen Häufigkeit (p_1-p_2), dividiert durch den geschätzten Standardfehler der Differenz $\sqrt{\frac{p_1(1-p_1)}{n_1} + \frac{p_2(1-p_2)}{n_2}}$

Über die Adjustierung des z-Werts durch Mehrfachtesten bei der CDP-Studie (vgl. Canner 1977a)

In den Untergruppen mit geringerem Risiko (Risikogruppe 1, keine Angina pectoris und Herzschlag < 70/min) war eine geringe Verbesserung hinsichtlich der Mortalität durch Dextrothyroxin zu beobachten.

Tabelle 2.4

CDP-Studie: Gesamtmortalität in den Behandlungsgruppen Dextrothyroxin und Plazebo (Zwischenauswertung 1971)

Ereignis	Risikogruppe	Dextrothyroxin		Plazebo		
		N	%	N	%	z-Wert
Gesamtmortalität	alle	1083	14,8	2715	12,5	1,89
	1	719	10,8	1790	11,0	- 0,11
	2	364	22,5	925	15,4	3,07
Gesamtmortalität	vorher Angina pectoris ja	643	19,6	1573	14,4	3,06
	nein	440	7,7	1142	9,9	- 1,33
Gesamtmortalität	Herzschlag > 70/min	494	21,3	1194	14,7	3,32
	< 70/min	576	9,5	1482	10,7	- 0,74

Die Untergruppen, in denen sich ein negativer Effekt von Dextrothyroxin zeigte, wurden aus einer Menge von 48 Basisvariablen extrahiert. Dabei wurden zwei verschiedene Auswertungsstrategien angewendet. Beim ersten Vorgehen wurde versucht herauszufinden, inwieweit durch die statistische Analyse von 48 verschiedenen Basismerkmalen Zufallsergebnisse zu erwarten waren. Die Interaktionen zwischen jeder Basisvariablen und Behandlungsgruppe hinsichtlich der Gesamtmortalität wurden durch einen linearen Regressionsansatz analysiert. Für dichotome Variable war dies gleichbedeutend mit dem Test, ob sich die Verum-Plazebo Differenz in der Mortalität auf einer Stufe von der Differenz auf der anderen Stufe unterschied.

Dabei wurde nach Bonferroni (Galabos 1977, Miller 1981) ein Einzelsignifikanzniveau von $\alpha = 0{,}05/48 = 0{,}00104$ (entsprechend einem z-Wert von 3,28) angelegt [1]. Diese kritischen Werte wurden durch eine Simulationsstudie verfeinert, in der die bisher beobachtete Korrelations-Struktur zwischen den Basisvariablen berücksichtigt wurde. Es ergab sich, daß sowohl in der Untergruppe mit vorangegangener Angina pectoris als auch in der Gruppe mit erhöhtem Herzschlag (> 70/min) ein Unterschied auf dem 5%-Niveau zwischen Dextrothyroxin und Plazebo hinsichtlich der Mortalität nachzuweisen war. Ein zweiter Ansatz bestand darin, durch Kombination mehrerer Basisvariablen Untergruppen zu definieren, bei denen die Mortalität in der Dextrothyroxin Gruppe besonders hoch bzw. niedrig war.

Durch eine "trial und error" Prozedur (The Coronary Drug Research Group 1981) wurden die folgenden Untergruppen A und B gefunden.

Tabelle 2.5

CDP-Studie: Definition der Untergruppen A und B für die Entscheidung, die Dextrothyroxin-Gruppe abzubrechen (Zwischenauswertung 1971)

		Herzschlag <70/min	Herzschlag >70/min
Risikogruppe 1 (Erstinfarkt ohne Komplikationen)	Angina pectoris ja	A	B
	Angina pectoris nein	A	B
Risikogruppe 2 (mehrere Infarkte bzw. Erstinfarkt mit Komplikationen)	Angina pectoris ja	A	B
	Angina pectoris nein	B	B

[1] Vgl. auch Kapitel 3.6

Die Mortalitätsergebnisse der so definierten Untergruppe finden sich in der folgenden Tabelle (The Coronary Drug Project Research Gruppe 1981).

Tabelle 2.6

CDP-Studie: Mortalität in zwei Untergruppen - Dextrothyroxin versus Plazebo (Zwischenauswertung 1971)

Ereignis	Risikogruppe	Dextrothyroxin N	%	Plazebo N	%	z-Wert
Gesamtmortalität	A	460	4,1	1210	7,7	- 2,60
	B	623	16,4	1505	11,2	3,29

Die Ergebnisse deuteten daraufhin, in Untergruppe B die Dextrothyroxin Behandlung zu beenden und in Gruppe A fortzusetzen. Da die beiden Gruppen jedoch durch explorative Datenanalyse nachträglich konstruiert worden waren, fehlte eine ausreichende statistische Evidenz für die "optimale" Untergruppe. Es wurde deshalb beschlossen, noch einige Monate abzuwarten, um zusätzliche Daten verwerten zu können. In dieser Nachbeobachtungsphase ergab sich folgendes Bild:

Tabelle 2.7

CDP-Studie Mortalität in zwei Untergruppen - Dextrothyroxin versus Plazebo (Nachbeobachtung im Anschluß an Zwischenauswertung 1971)

Ereignis	Risikogruppe	Dextrothyroxin N	%	Plazebo N	%	z-Wert
Gesamtmortalität	A	441	2,5	1117	2,7	0,09
	B	521	5,4	1337	3,8	1,5

Der negative Trend in Untergruppe B setzte sich fort, in Untergruppe A war die Situation nicht eindeutig. Aufgrund dieser und anderer Ergebnisse wurde einstimmig beschlossen, in Untergruppe B die Dextrothyroxin Behandlung zu beenden. Mit knapper Mehrheit wurde beschlossen, auch in Untergruppe A und damit insgesamt die Dextrothyroxin Behandlung abzubrechen.

Abbruch in der niedrig dosierten Östrogengruppe

Im März 1973 wurde beschlossen, die niedrig dosierte Östrogengruppe (2,5 mg/Tag) zu beenden. Diese Entscheidung basierte auf einer erhöhten Inzidenz von venösen Thromboembolien, einer erhöhten Mortalität an Karzinomen und einer geringfügigen Erhöhung der Gesamtmortalität in der niedrig dosierten Östrogengruppe gegenüber der Plazebo Gruppe (Tabelle 2.8). Die Gesamtmortalität, obwohl nicht signifikant, führte zu interessanten statistischen Überlegungen und letztlich zur Abbruchentscheidung.

Die Coronary Drug Project Studie wurde durchgeführt, um zu überprüfen, ob die positiven Effekte der eingesetzten Medikamente die negativen Effekte signifikant überwiegen. Es sollte deshalb nicht untersucht werden, ob ein Medikament eindeutig schädlich in seiner Wirkung ist. Im Februar 1973 zeigte sich bei einer Zwischenauswertung, daß 19,9% der Patienten in der Östrogengruppe und 18,8% in der Plazebo-Gruppe verstorben waren. Dieses nichtsignifikante Ergebnis führt zu folgender Frage: Wie groß ist die Wahrscheinlichkeit, daß sich der Trend umgekehrt und die Östrogen-Behandlung am Ende der Studie 1974 signifikant bessere Ergebnisse zeigt? Wie in der dritten Zeile von Tabelle 2.8 zu sehen ist, konnte man 670 Todesfälle in der Plazebo-Gruppe am Ende der Studie erwarten. Damit die Mortalität in der Östrogen-Gruppe signifikant ($\alpha = 0{,}05$, $z = 1{,}96$) [1] niedriger war, hätten nicht mehr als 232 Todesfälle auftreten dürfen.

Da bei der Zwischenauswertung im Februar 1973 bereits 219 Todesfälle (19,9% Mortalität) in der Östrogen-Gruppe registriert worden waren, hätte sich für den Rest der Studie nur noch 13 Tote (1,5% Mortalität) ergeben dürfen. Dieses Ergebnis war,wie zusätzliche Berechnungen unter Berücksichtigung der Lebensdauern ergaben (Halperin & Ware, 1974, The Coronary Drug Project Research Group, 1981), praktisch unmöglich. Dieses Ergebnis führte dann zusammen mit den eingangs erwähnten Ereignissen (Thromboembolien, Karzinommortalität) zur Entscheidung, die niedrig dosierte Östrogenbehandlung vorzeitig zu beenden.

---

[1] Das Problem des Mehrfachtestens wurde hier nicht berücksichtigt. Sonst hätten ein höheres z angesetzt werden müssen.

Tabelle 2.8

CDP-Studie: Berechnung der zukünftigen Mortalität: niedrig dosiertes Östrogen versus Plazebo (Zwischenauswertung 1973)

Ereignis	Östrogen	Plazebo
Mortalität bei der Zwischenauswertung 1973	19,9 % (219/1101)	18,8 % (525/2789)
Zahl der Überlebenden bei der Zwischenauswertung	882	2264
Mortalität am Ende der Studie (Z=1,96 Differenz zwischen den Gruppen)	21,1 % (232/1101)	24 % (670/2789)
Mortalität von Zwischenauswertung bis Studienende	1,5 % (13/882)	6,4 % (145/2264)

Bei der CDP-Studie wird deutlich, daß trotz im Studienprotokoll vorgesehener statistischer Abbruchstrategien zusätzliche explorative Datenanalysen notwendig sind, um über einen Studienabbruch zu entscheiden. Eine Trennung zwischen explorativer und konfirmatorischer Analyse bei der Abbruchentscheidung ist sicher sehr schwierig. Dabei ist zu fragen, ob eine solche Trennung überhaupt sinnvoll ist. Ob Abbruchentscheidungen durch einfache Mehrheitsbeschlüsse eines Gremiums getroffen werden sollen, erscheint mehr als fraglich. Hervorzuheben ist noch, daß eine Therapie nicht nur beendet werden kann, wenn sich frühzeitig Unterschiede ergeben, sondern eventuell auch, wenn feststeht, daß gegenüber einer Standard- oder Plazebobehandlung ein positiver Effekt bis zum Studienende nicht nachgewiesen werden kann. (Gold-Pecore, 1982).

2.1.3 Clofibrat Studie

Mit dieser von der W.H.O. organisierten Studie, sollte überprüft werden, ob durch eine Senkung des erhöhten Cholesterinspiegels die Inzidenz von ischaemischen Herzkrankheiten herabgesetzt werden kann (Oliver et al. 1978,1979,1980, Heady 1973,1981). Aufgenommen in die Studie wurden Männer zwischen 30 und 59 Jahren, deren Cholesterinspiegel im oberen Drittel der jeweiligen zentrumsspezifischen Verteilung lagen. Ausschlußkriterien waren manifeste Herzkrankheiten oder sonstige schwere Krankheiten, wie Krebs oder Apoplexie. Für die Studie geeignete Patienten wurden zufällig in eine Clofibrat und eine Plazebo Gruppe zugeteilt. Daneben gab es noch eine weitere Plazebo-Gruppe aus Personen mit niedrigem Cholesterinspiegel. Diese Gruppe spielt bei dem Problem des frühzeitigen Studienabbruchs keine Rolle und kann deshalb außer Betracht gelassen werden.

Die Studie begann 1965 und wurde an drei Studienzentren (Edinburgh, Budapest und Prag) mit mehr als 15.000 Patienten durchgeführt (Oliver et al. 1978, Heady 1973). Als Monitoring- und Abbruchstrategie war ein geschlossener Sequentialplan (Armitage 1957) mit unsymmetrischen Grenzen gewählt worden, mit dem alle Sterbefälle und Nebenwirkungen überwacht werden sollten (Oliver et al. 1978). Die unsymmetrischen Grenzen kommen dadurch zustande, daß beim Testen auf Überlegenheit von Clofibrat ein α von 0,005 zugrundegelegt wurde, während umgekehrt beim Testen auf Überlegenheit des Plazebo die Wahrscheinlichkeit für den Fehler I. Art $\alpha = 0{,}05$ betrug. Im Spätsommer 1976 wurde die Studie knapp ein Jahr vor dem planmäßigen Ende vorzeitig abgebrochen. Grundlage für diesen Beschluß waren die in Tabelle 2.9 dargestellten Ergebnisse (Oliver et al. 1978).

Tabelle 2.9

Clofibratstudie - nicht kardial bedingte Todesfälle und Cholezystektomien (Zwischenauswertung 1976)

	Gruppe I (Clofibrat)		Gruppe II (Plazebo)		z-Wert
Ereignis	absolut	%	absolut	%	
nicht kardial bedingte Todesfälle	108	2,0	79	1,5	2,10
Cholezystektomien wegen Gallensteinen	59	1,1	24	0,5	3,30

Bemerkenswert ist, daß im Sequentialplan keine Unterschiede bei den nichtkardialen Todesfällen festzustellen sind. Auch die 1980 von Oliver et al. vorgelegte Folgeauswertung mit 239 versus 179 nicht kardial bedingten Todesfällen ($z = 3{,}02$) würde im Sequentialplan keine Entscheidung bringen.

Bei dieser Studie zeigt sich, daß das gruppensequentielle Anwenden eines total sequentiellen Plans sicher nicht die beste Abbruchstrategie ist. Darüberhinaus wird aber auch deutlich, daß durchaus von einem Abbruchplan abgewichen werden kann, wenn gewichtige Gründe vorliegen.

Die Clofibratstudie hat insbesondere in der Bundesrepublik Deutschland (vorläufiges Verbot von Clofibrat am 18.12.78) zu heftigen Kontroversen auf verschiedenen Ebenen geführt. (Aumiller 1979, Immich 1979, Heady 1981), die jedoch mit dem Problem des vorzeitigen Studienabbruch nicht oder nur am Rande zu tun hatten und nur der Vollständigkeit halber erwähnt werden sollen.

2.2 Generelle Probleme

2.2.1 Inhalt von Zwischenauswertungen

Für die Planung und Endauswertung von Therapiestudien existieren viele Empfehlungen und praktische Erläuterungen (z.B. Armitage 1979a, 1979b, Biefang et al. 1979, Boissel 1981, Bonadonna 1978, Friedman et al. 1981, Gehan 1980, Chalmers et al. 1981, Feinstein 1977, 1980, Flamant 1972, Food and Drug Administration 1980, Greenberg 1959, Jesdinsky 1978, 1979a, 1979b, Köpcke,Überla 1984, Koller 1981, Schwartz et al. 1980, Überla 1975). Über den Inhalt von Zwischenauswertungen gibt es dagegen nur wenige generelle Arbeiten (Boissel et al. 1979, Canner 1977b, Hill 1979, Köpcke 1982, Neiß et al. 1982, Pocock 1983). Dies ist nicht unbedingt verwunderlich. Da Zwischen auswertungen generell Teilmengen der Endauswertung bilden, gelten viele der in den obigen Arbeiten enthaltenen Empfehlungen über die Endauswertung auch für die Zwischenauswertungen von Therapiestudien.

Aus den schon in der Einleitung genannten Gründen für Zwischenauswertungen

- Überprüfung der korrekten Anwendung des Studienprotokolls
- Information und Motivation der beteiligten Personen und Institutionen
- Qualitätskontrolle der Dokumentation, Erprobung von Auswertungsstrategien
- Überwachung von unerwünschten Arzneimittelwirkungen
- Frühzeitiges Entdecken von Unterschieden zwischen den Therapien und vorzeitiger Studienabbruch

ergeben sich zwangsläufig die im folgenden erwähnten Inhalte für eine Zwischenauswertung (Köpcke 1982). Im konkreten Einzelfall werden noch weitere Punkte hinzutreten, während einige Bereiche nicht so relevant sind.

- Beschreibung der Patienten

Die Ergebnisse einer Therapiestudie können ebenso durch die Auswahl der Patienten wie durch die eigentliche Therapie beeinflußt werden. Es ist deshalb unabdingbar die Charakteristika der ausgewählten Patienten so ausführlich wie möglich zu beschreiben. Dies gilt insbesondere für Risikofaktoren, die das Zielergebnis beeinflussen können. Chalmers (1983) fand bei einer Analyse von 232 Studien, daß nur in 40% der Fälle die aufgenommenen Patienten adäquat beschrieben worden waren. Neben der Beschreibung der aufgenommenen Patienten ist es wichtig zu wissen, welche und wieviele Patienten nicht aufgenommen wurden, um Schlußfolgerungen aus einer Studie zu ziehen. Oft kommen nur wenige Prozent der potentiellen brauchbaren Patienten in die Studie (Prout, 1981). Es empfiehlt sich für jeden Patienten den Ersterhebungsbogen auszufüllen, auf dem dann u.U. dokumentiert wird, warum der Patient nicht in die Studie aufgenommen wurde. Ideal wäre natürlich auch für diese Patienten Krankheitsverlauf und Ergebnisse zu dokumentieren. In der Praxis ist dies, insbesonders bei Langzeitstudien organisatorisch und finanziell nicht zu bewältigen.

- Vergleichbarkeit der Behandlungsgruppen

Die Vergleichbarkeit der Behandlungsgruppen ist für jede relevante Basisvariable zu kontrollieren und damit wird gleichzeitig die Randomisation überprüft. Die relevanten Variablen sind abhängig von den spezifischen Eigenschaften der Krankheit und umfassen demographische Variablen wie Alter, Geschlecht usw. oder Risikofaktoren wie Krankheitsdauer, Begleitmedikation, Anamnese usw. (Food and Drug Administration, 1980).

Tabelle 2.10 zeigt als Beispiel die Daten der Timolol Studie (Norwegian Multicenter Study Group 1981)

Tabelle 2.10

Timolol-Studie: Charakteristika der 1884 randomisierten Patienten vor Behandlung

Charakteristikum	Behandlungsgruppe Plazebo (n=939)	Timolol (n=945)
	Angaben in Prozent	
Geschlecht		
männlich	78	80
weiblich	22	20
Alter		
< 64 J.	59	63
65-75 J.	41	37
Anamnese		
früherer Infarkt	19	19
Angina pectoris	38	38
behandelte Hypertonie	22	18
Rauchen	53	54
Behandlung vor Aufnahme in Studie		
Digitalis	14	15
Diuretika	23	18
Beta-Blocker	10	10
Risikofaktoren für diese Studie		
Herzinsuffizienz	34	32
Herzvergrößerung	23	21
niedriger syst. Blutdruck < 100 mmHg	25	23
Vorhofflimmern oder -flattern	12	11
Maximaler Aspartat-Aminotransferase-Spiegel		
>4-fach über der oberen Normgrenze	53	52
Arrhythmien in akuter Infarktphase		
supraventrikulare Tachyarrhythmien	29	26
ventrikulare Tachykardie oder Flimmern	14	10
Lokalisation des festgestellten Infarktes		
Vorderwand	41	39
Hinterwand	38	38
andere bzw. ungewiß	21	23

- Analyse der vorzeitig ausgeschiedenen Patienten

Dafür, daß Patienten vorzeitig aus der Therapiestudie ausscheiden, kann es verschiedene Gründe geben.

Patienten erscheinen nicht mehr zu Kontrolluntersuchungen, oder sie verweigern explizit die weitere Teilnahme an der Studie. Ein Ausscheiden kann aus medizinischen Gründen (z.B. Therapieversagen) nötig sein. Schwere Verstöße gegen das Studienprotokoll führen zum Ausschluß eines Patienten aus der Studie (Armitage 1983).

Patienten, die vorzeitig aus der Studie ausscheiden, sollten mit den folgenden Merkmalen dokumentiert werden (Food and Drug Administration 1980, Gould 1980, Überla 1975)

- Basisvariable (Alter, Geschlecht, Schweregrad usw.)
- Zeitpunkt des Ausscheidens
- Gesamtdosis der Medikation
- Begleitmedikation
- vermutliche Gründe für das Ausscheiden
- Beobachtete Nebenwirkungen

Durch ausscheidende Patienten kann die Validität der ganzen Studie in Frage gestellt sein. Die Berücksichtigung der Ausscheider bei der Datenanalyse kann auf verschiedene Arten erfolgen (Chalmers 1983). Sie können so behandelt werden, als ob sie der Behandlung nach der Randomisierung korrekt gefolgt seien. Berücksichtigt wird der zuletzt bekannte Status vor Ausscheiden des Patienten (Peto et al. 1977). Bei einem Wechsel der Behandlungsgruppe werden die Patienten in der neuen Behandlungsgruppe berücksichtigt (Chalmers 1983). Ausscheider werden aus den weiteren Analysen herausgenommen, so als wären sie nie randomisiert worden (Chalmers 1983, Sackett-Gent 1979). Will man sicher gehen, werden alle Ausscheider jeweils den verschiedenen Zielergebnissen zugeordnet (Chalmers 1983).

Wenn durch Anwendung von einer dieser Methoden zur Analyse von Ausscheidern eine Veränderung in den Zielergebnissen stattfindet, insbesondere ein Wechsel von signifikanten zu nicht signifikanten Ergebnissen, ist die Validität der Studie in Frage gestellt.

Das folgende Beispiel der Joint Study of Extracramial Arterial Occlusion (Fields et al. 1970) zeigt, welchen Effekt die verschiedene Behandlung der Drop-outs haben kann.

Tabelle 2.11
Veränderung des p-Werts durch Ausschluß der Drop-outs (Fields et al. 1970)

	Ausschluß der Drop-outs		alle randomisierten Patienten	
Therapie	Zielereignis ja	nein	Zielereignis ja	nein
operativ	43	36	58	36
medikamentös	53	19	54	19
	$\chi^2=5,98$	p=0,02	$\chi^2=2,80$	p=0,09

Ein pragmatischer Vorschlag kommt von (Sackett und Gent 1979): Patienten mit einer falschen Diagnose oder Patienten, bei denen sich nachträglich herausgestellt hat, daß sie die Ein- und Ausschlußkriterien für die Studie verletzt haben, werden bei den weiteren Analysen nicht berücksichtigt. Alle anderen Patienten werden in der Gruppe ausgewertet, in die sie randomisiert worden sind.

- Abweichungen vom Studienprotokoll

Abweichungen vom Studienprotokoll können sowohl von den behandelnden Ärzten als auch von den Patienten verursacht werden (Wolf-Makuch, 1980). Typische Protokollverletzungen von

ärztlicher Seite sind z.B. Veränderungen der Ein- und Ausschlußkriterien, technische Fehler bei der Randomisation, Modifikation der vorgeschriebenen Therapieschemata.
Bei den Patienten ist es meist die fehlende Compliance, die zu Abweichungen vom Studienprotokoll führt. Schwere Verstöße gegen das im Protokoll festgelegte Vorgehen, wie z.B. Veränderungen der Ein- und Ausschlußkriterien und technische Fehler bei der Randomisation, führen zum Ausscheiden der entsprechenden Patienten aus der Studie.

Bei der Modifikation der vorgeschriebenen Therapieschemata und bei fehlender Compliance ist die Frage, welche Abweichungen noch tolerabel sind, nicht generell zu beantworten, sondern hängt von der speziellen Situation der einzelnen Studie ab.

- <u>Beschreibung der Therapiestrategien</u>

Für alle Therapiearten ist zu analysieren, in welchen Bereichen sich Einzeldosis, Gesamtdosis und zeitlicher Verlauf der Medikation bewegen und ob gravierende Veränderungen gegenüber den im Studienprotokoll festgelegten Therapieschemen festzustellen sind. Wichtig ist auch eine Analyse der Begleitmedikation.

- <u>Compliance</u>

Besonders bei Langzeitstudien nimmt im Verlauf der Zeit die Patientenmotivation stark ab und entsprechend wird die Compliance immer schlechter. Dies kann dazu führen, daß bestehende Unterschiede zwischen zwei Therapien nicht mehr erkennbar sind. Untersuchungen über die Compliance sind deshalb regelmäßig notwendig, sofern sie möglich sind (Hasford 1984, Haynes et al. 1979, Feinstein 1974). Ob Patienten mit schlechter Compliance informiert und zu besserer Kooperation ermuntert werden sollen, hängt von den Einzelumständen ab. Auch die Frage, ob der behandelnde Arzt über die Compliance seiner Patienten informiert werden soll, läßt sich nicht generell beantworten (Überla 1981a).

- Unterschiede zwischen den einzelnen Studienzentren

Unterschiede zwischen den einzelnen Zentren einer Studie können in den verschiedenen Bereichen auftreten und müssen genauestens analysiert werden, um Schwachstellen frühzeitig beheben zu können. Insbesondere ist zu untersuchen, ob Differenzen im Rekrutierungsverhalten sowie Unterschiede in Diagnostik, Therapie und Behandlungserfolg vorliegen (Canner et al. 1981, Chakavorti 1975, Kohnen et al. 1981, Selbmann 1983).

- Datenkontrolle - Kontrolle des Studienablaufs

Zwischenauswertungen sollen allen Beteiligten einen Überblick darüber geben, in welchem Umfang fehlende und fehlerhafte Daten angefallen sind. Außerdem ist zu analysieren, ob sich der Studienablauf bisher korrekt und programmgemäß vollzogen hat. (Zahl der aufgenommenen Patienten, Drop-outs usw.) (Karrison 1981, Knatterud 1981).

- Nebenwirkungen, schwerwiegende Zwischenfälle

Nebenwirkungen und andere schwerwiegende Zwischenfälle sind neben den eigentlichen Zielvariablen ein wichtiges Kriterium für die Wirkung einer Therapie und waren bei vielen Studien der Grund für den vorzeitigen Abbruch. Sie sind deshalb sorgfältig zu dokumentieren und analysieren (Therapie, Dosierung, Zeitpunkt, Schweregrad, Begleitmedikation, konkurrierende Risiken). (Hasford 1982).

- Analyse bezüglich der Zielkriterien

Das Hauptziel einer Zwischenauswertung ist zu prüfen, ob Unterschiede zwischen den Therapiegruppen bestehen und ob dies Unterschiede so überzeugend und wichtig sind, daß ein Studienabbruch angezeigt ist. Neben der globalen Analyse ist noch festzustellen, wie sich die Therapiearten in wichtigen Untergruppen (Krankheitsstadium, Alter, Geschlecht, Klinik usw.) bezüglich der Zielkriterien darstellen. Ist kein Unterschied zwischen den Therapien nachzuweisen, muß überprüft werden, ob es überhaupt möglich ist, mit der angestrebten Fallzahl am Ende der Studie einen Effekt zu sichern.

2.2.2 Gründe für einen vorzeitigen Studienabbruch

Es gibt eine Vielzahl von Faktoren, die einzeln oder in Kombinationen zu einem vorzeitigen Abbruch einer Therapiestudie führen können (Klimt-Canner 1979, Klimt 1981, Meier 1979). Manche Therapiestudien werden auch ohne ersichtlichen Grund vorzeitig beendet.

- Medizinische Faktoren

Studien mit einer Laufzeit von mehr als fünf Jahren sind heute keine Seltenheit mehr. Das medizinische Umfeld bleibt natürlich über solche Zeiträume hinweg nicht konstant, sondern ist durch neue Erkenntnisse Veränderungen unterworfen. Verfeinerte diagnostische Möglichkeiten können z.B. zu einer derart veränderten Patientenselektion führen, daß eine Fortführung der Studie unmöglich wird. Bereits laufende andere Studien über das Krankheitsfeld werden abgeschlossen, deren Ergebnisse auf die Überlegenheit anderer Therapien hindeuten. Aber auch ganz neue vielversprechende Therapien ohne empirische Prüfung können zum vorzeitigen Abbruch einer Studie führen.

- Organisatorische Faktoren

Besonders bei seltenen Erkrankungen kommt es vor, daß an einer Studie dreißig und mehr verschiedene Institutionen beteiligt sind. Bei solchen multizentrischen Studien treten vermehrt organisatorische Schwierigkeiten auf, die das protokollgerechte Fortführen gefährden. Unterschiedliche Handhabungen der

Ein- und Ausschlußkriterien sowie Unterschiede in Diagnostik und Therapie können zu gefährlichen Selektionen führen. Personalveränderungen führen immer zu Störungen im Ablauf einer Therapiestudie. Dies kann besonders bei Weggang des für die Studie verantwortlichen Klinikarztes zum Ausscheren einer Klinik führen. Eine zu geringe Rekrutierung oder zu hohe Zahlen der Drop-outs gefährden das Ziel, in einer bestimmten Zeit eine bestimmte Anzahl von Personen mit den zu untersuchenden Therapien zu behandeln.

- Juristische Faktoren

Im Verlauf einer Studie können sich die juristischen Rahmenbedingungen ändern. Neben neuen Gesetzen bzw. Gesetzesnovellierungen (z.B. AMG, Datenschutzgesetz) sind dies vor allen Dingen Gerichtsentscheidungen (z.B. Umfang der Patientenaufklärung) die das juristische Umfeld so ändern können, daß eine Therapiestudie vorzeitig beendet werden muß (Bar-Fischer 1980, Ihm-Victor 1981, Samson 1981, Schewe 1981).

- Ethische Faktoren

Ethische Bedingungen ändern sich um allgemeinen nur langfristig. denkt man jedoch an die Änderungen, die sich z.B. in den letzten Jahren auf den Gebieten frühzeitiger Schwangerschaftsabbruch, pränatale Diagnostik vollzogen haben, sind Entwicklungen im ethischen Bereich vorstellbar, die den Ablauf einer Therapiestudie beeinflussen können (Levine 1981, Meier 1975, 1979, N.N. 1980, Überla 1981c).

- Politische Faktoren

Medizinische Forschung, insbesondere Therapiestudien, geraten zunehmend in den Mittelpunkt des öffentlichen Interesses. In den öffentlichen Medien werden meistens abgeschlossene als "bedenklich" empfundene Studien beleuchtet. Auf der politischen Ebene wird meist nur generell und damit nicht auf bestimmte Studien in der Medizin Einfluß genommen. Bei öffentlich geförderten Studien ist aber auch eine direkte Einwirkung möglich.

- Finanzielle Faktoren

Im Zeichen zunehmender Finanzmittelknappheit muß damit gerechnet werden, daß in Zukunft auch laufende Therapiestudien wegen Geldmangel vorzeitig beendet werden müssen.

- Methodisch-statistische Faktoren

Treten bei Zwischenauswertungen Unterschiede zwischen den zu prüfenden Therapien auf, kann dies u.U. zu einem Studienabbruch führen. Methodisch-statistische Überlegungen zu einem möglichen vorzeitigen Studienende sind möglich und sollten Bestandteil des Studienprotokolls sein. Die anderen genannten Faktoren sind oft nicht vorhersehbar bzw. nicht objektivierbar.

Statistische Abbruchkriterien und Ergebnisse von Zwischenauswertungen sind ein nützliches Instrument um festzustellen, wann und in welchem Ausmaß die Möglichkeit eines frühzeitigen Studienabbruchs in Erwägung gezogen werden muß. Sie dürfen aber nicht automatisch zu einem Studienabbruch führen. Erst nach einer Nutzen-Risiko-Abwägung unter Berücksichtigung aller relevanten Faktoren soll eine Entscheidung getroffen werden (Neiß 1981). Insbesondere sind die folgenden Fragen zu untersuchen (Canner 1977b).

- Wie verhalten sich die Therapien im gesamten Spektrum der Zielgrößen und Nebenwirkungen ?
- Können Therapieeffekte durch Differenzen in den Basisvariablen (Alter, Geschlecht, Schweregrad der Krankheit, Risikofaktoren usw.) erklärt werden ?

- Besteht die Möglichkeit, daß sich Diagnostik und Intensität der Behandlung in den Therapiegruppen unterscheiden (z.B. durch Voreingenommenheit) ?
- Ist es denkbar, daß sich die festgestellten positiven oder negativen Trends bei Fortsetzung der Studie ändern ?
- Bestehen die gefundenen Unterschiede zwischen den Therapien in der gesamten Studienpopulation oder nur in bestimmten Untergruppen ?
- Wenn die Entscheidung zu einem vorzeitigen Studienabbruch zum gegenwärtigen Zeitpunkt gefällt wird, welches sind die erwarteten Auswirkungen und welches sind die Empfehlungen an die medizinische Fachwelt ?

2.2.3 Allgemeine methodisch statistische Aspekte bei Zwischenauswertungen und Studienabbruch

Für das Hauptziel einer Zwischenauswertung, Unterschiede zwischen den verschiedenen Behandlungen in einer Therapiestudie vorzeitig festzustellen, sind statistische Tests notwendig, genauer gesagt wiederholte Tests an sich akkumulierenden Daten. Bei einem statistischen Test wird aus den Daten eine Testgröße T berechnet und je nach Größe von T, die Nullhypothese H_o, daß die Therapien gleich sind, angenommen oder verworfen. Unter gewissen Voraussetzungen sind die Testgrößen wie in Abbildung 2.1 zu sehen ist, normalverteilt.
Liegt die berechnete Testgröße T innerhalb des Intervalls $\{-T^*, T^*\}$ wird angenommen, daß sich die Therapien nicht unterscheiden. Die Testgröße kann aber, auch wenn sich in Wirklichkeit die Therapien nicht unterscheiden, mit einer gewissen Wahrscheinlichkeit - der sogenannten Irrtumswahrscheinlichkeit α - außerhalb des Intervalls $\{-T^*, T^*\}$ liegen und damit zu einer falschen Testentscheidung führen.

Abb. 2.1 Verteilung der Testgrößen beim einmaligen Testen

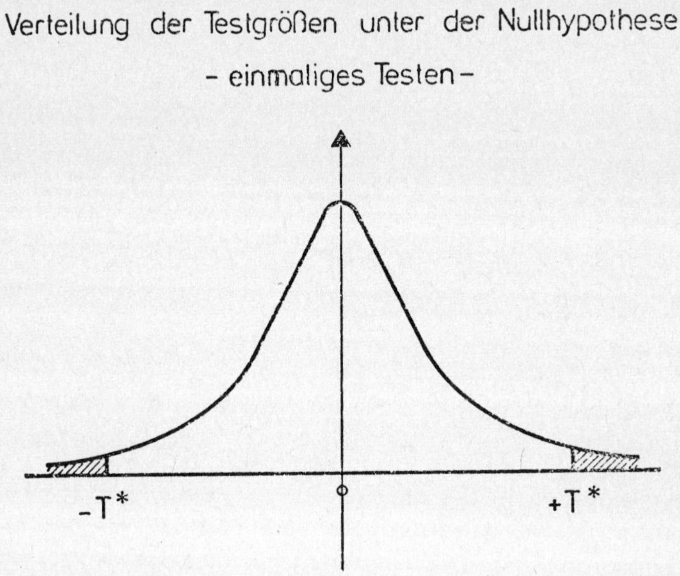

Die Größe von α entspricht der schrafierten Fläche außerhalb des Intervalls $\{-T^*, T^*\}$ unter der Kurve. Durch wiederholtes Testen verändert sich die Verteilung der Testgrößen T. Wie in Abbildung 2.2 zu erkennen ist, wird die Verteilung flacher und breiter, d.h. der Flächeninhalt außerhalb des Intervalls $\{-T^*,T^*\}$ wird größer und damit steigt die Irrtumswahrscheinlichkeit α. Um nach mehrmaligem Testen ein bestimmtes Gesamtsignifikanzniveau α zu erreichen, müssen für die Testentscheidungen bei den Zwischenanalysen die Vergleichwerte $|T^*|$ für die Testgröße T vergrößert werden. Implizit bedeutet dies, daß bei den Zwischentests das Einzelsignifikanzniveau α^* verkleinert werden muß.

Abb. 2.2 Verteilung der Testgrößen beim einmaligen und mehrmaligen Testen

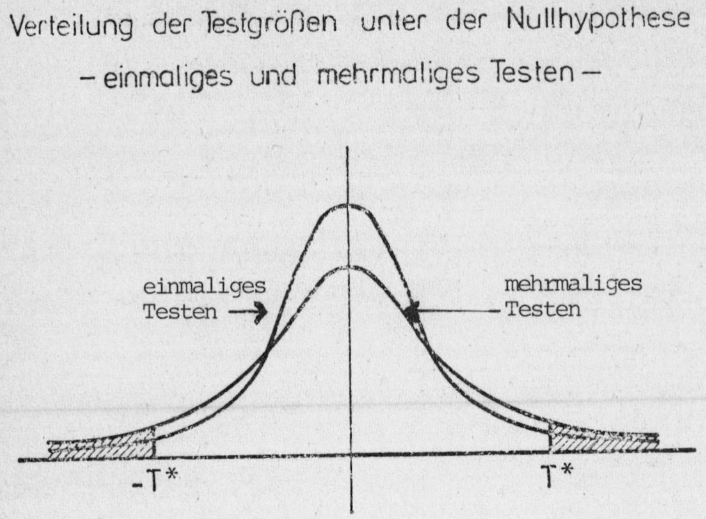

Außerdem erhöht sich dadurch die für die Studie maximal einzuplanende Fallzahl N [1]. Bei der Abschätzung dieser Fallzahl spielen neben der Irrtumswahrscheinlichkeit α noch eine klinisch relevante Differenz δ zwischen den Therapien und die Sicherheit $(1-\beta)$, mit der δ entdeckt werden kann, eine große Rolle. Graphisch lassen sich diese Gegebenheiten durch die folgende Abbildung veranschaulichen.

Abb. 2.3 Verteilung der Testgrößen bei Vorliegen eines Unterschieds δ zwischen den Therapien

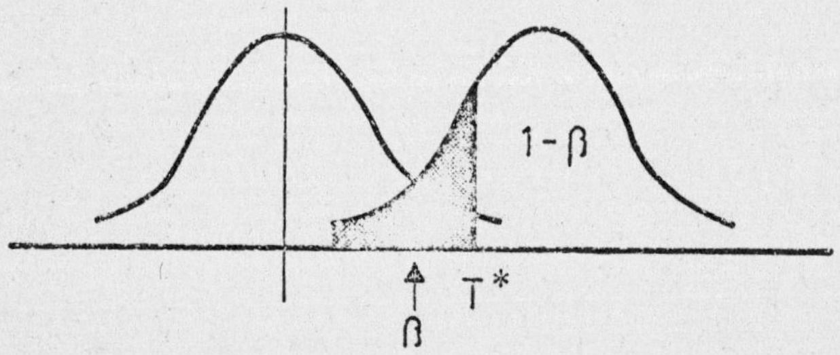

[1] Einzelheiten sind den Abschnitten 3.2 und 3.3 zu entnehmen.

Existiert eine Differenz δ zwischen zwei Therapien, sind die Testgrößen T nicht mehr nach der linken sondern nach der rechten Kurve verteilt. Die Sicherheit (1-ß), mit der der Unterschied δ erkannt wird, entspricht dem Flächenanteil rechts von T^*. Den Anteil links von T^* bezeichnet man als ß-Fehler oder Fehler II. Art.

Durch Mehrfachtesten und Adjustierung der Irrtumswahrscheinlichkeit α wird diese Sicherheit (1-ß) verringert bzw. der ß-Fehler erhöht [1]. Um die gleiche Sicherheit wie beim einmaligen Testen zu erreichen, muß die maximal geplante Fallzahl N bei Mehrfachtesten angehoben werden.

Der Vorteil der wiederholt durchgeführten statistischen Tests bei Zwischenauswertungen besteht darin, daß man einen bestehenden Unterschied zwischen zwei Therapien frühzeitig entdecken kann. Bei einem eventuell daraus resultierenden vorzeitigen Studienabbruch werden weniger Patienten mit der schlechteren Therapie behandelt und die Laufzeit der Stuide verringert sich. Die durchschnittliche Fallzahl bis zum Entdecken eines Unterschieds - $E(N/H_1)$ [2] wird beim Vergleich der verschiedenen statistischen Methoden die entscheidende Rolle spielen. Wenn unter sonst gleichartigen Bedingungen, die durchschnittliche Fallzahl $E(N/H_1)$ bei einem Verfahren am niedrigsten ist, bedeutet dies, daß ein Unterschied mit den wenigsten Patienten und in der kürzesten Zeit festgestellt werden kann.

---

[1] Vgl. Ausführungen im Abschnitt 4.3

[2] $E(N/H_1)$ = Erwartungswert der Fallzahl bei Gültigkeit der Alternativhypothese H_1 wird im englischsprachigen Schrifttum als ASN = average sample number bezeichnet.

3. Verfahrensübersicht

3.1 Offene Sequentialpläne

Bei den offenen Sequentialplänen handelt es sich um Verfahren, bei denen nach jeder Beobachtung bzw. Beobachtungspaar entweder die Nullhypothese H_o oder die Alternativhypothese H_1 angenommen wird (und damit der Versuch abgebrochen wird) oder die Beobachtungsreihe fortgesetzt wird (Bloedhorn, 1970).

Die Sequentialverfahren wurden von dem amerikanischen Statistiker ABRAHAM WALD während des 2. Weltkrieges entwickelt. Da die Methoden der militärischen Geheimhaltung unterlagen, konnten sie erst nach Kriegsende publiziert werden (Wald 1947). Kernstück der Arbeiten von Wald ist der 'Sequential Probability Ratio Test' (SPRT), der hier kurz beschrieben werden soll (Wald 1947, Johnson 1961, Wetherill 1975, Rao 1973, Sverdrup 1967 , Darling 1976). $f(x,\Theta)$ beschreibe die Verteilung einer Zufallsvariablen X)[1]. H_o sei die Hypothese $\Theta = \Theta_o$ und H_1 die Hypothese $\Theta=\Theta_1$, d.h. wenn H_o gilt, ist die Verteilung von x durch $f(x,\Theta_o)$ festgelegt, im anderen Fall durch $f(x,\Theta_1)$. Die fortlaufend beobachteten unabhängigen Realisationen der Zufallsvariablen X seine x_1, x_2, ... usw.. Für jeden ganzzahligen Wert von m, gilt für die Wahrscheinlichkeit[2], daß sich eine Stichprobe x_1, ..., x_m ergibt:

$$p_{1m} = f(x_1,\Theta_1) \cdot f(x_2,\Theta_1) \; .... \; f(x_m, \Theta_1)$$ falls H_1 zutrifft und

$$p_{om} = f(x_1, \Theta_o) \cdot f(x_2, \Theta_o) \; ..... \; f(x_m, \Theta_o)$$

falls H_o gilt.

---

1) falls X einer stetigen Verteilung folgt ist $f(x,\Theta)$ die Dichtefunktion. In diskreten Fall ist $f(x,\Theta)$ die Wahrscheinlichkeitsfunktion.

2) im stetigen Fall Wahrscheinlichkeitsdichte.

Der 'Sequential Probability Ratio Test' (SPRT) um H_o gegen H_1 zu testen, ist folgendermaßen definiert. Zwei positive Konstanten A und B (B<A) werden ausgewählt. Auf jeder Stufe des Experiments wird das Wahrscheinlichkeitsverhältnis p_{1m} / p_{om} gebildet.

Falls

$$B < \frac{p_{1m}}{p_{om}} < A \qquad (3.1)$$

gilt, wird das Experiment fortgesetzt und eine zusätzliche Beobachtung X_{m+1} erhoben.

Falls

$$\frac{p_{1m}}{p_{om}} \geq A \qquad (3.2)$$

ist, wird das Experiment abgebrochen und die Hypothese H_1 angenommen. Ist umgekehrt

$$\frac{p_{1m}}{p_{om}} \leq B \qquad (3.3)$$

wird der Prozeß unter Annahme der Hypothese H_o beendet.[1)]

Die Konstanten A und B sind so zu bestimmen, daß die Wahrscheinlichkeit für den Fehler I. Art α und für den Fehler II. Art ß ist. Wald (1947) fand folgende Abschätzungen für A und B

$$A \leq \frac{1-\beta}{\alpha} \qquad (3.4)$$

und

$$B \geq \frac{\beta}{1-\alpha} \qquad (3.5)$$

[1)] Für den Sonderfall $P_{1m} = P_{om} = 0$ wird der Quotient P_{1m}/P_{om} als 1 definiert. Falls $P_{1m} > 0$ und $P_{om} = 0$, ist Ungleichung (3.2) erfüllt und H_1 wird angenommen.

Für praktische Zwecke ist es vorteilhafter den Logarithmus von p_{1m}/p_{om} zu benutzen als den normalen Quotient p_{1m}/p_{om}. Aus der Definition von p_{om} und p_{1m} ergibt sich[1)]

$$\log \frac{p_{1m}}{p_{om}} = \log \frac{f(x_1,\Theta_1)}{f(x_1,\Theta_o)} + \ldots + \log \frac{f(x_m,\Theta_1)}{f(x_m,\Theta_o)} \qquad (3.6)$$

Definiert man

$$z_i = \log \frac{f(x_i,\Theta_1)}{f(x_i,\Theta_o)} \qquad (3.7)$$

und benutzt man die Schranken (3.4) und (3.5) dann läßt sich die Testprozedur folgendermaßen beschreiben:

Bei jedem Schritt des Experiments bilde man die kumulative Summe $z_1 + \ldots + z_m$.

Falls $$\log \frac{\beta}{1-\alpha} \quad \sum_{i=1}^{m} z_i \quad \log \frac{1-\beta}{\alpha} \qquad (3.8)$$

wird das Experiment fortgesetzt und eine zusätzliche Beobachtung durchgeführt.

Falls

$$\sum_{i=1}^{m} z_i \geq \log \frac{1-\beta}{\alpha} \qquad (3.9)$$

wird die Hypothese H_1 angenommen .

Falls

$$\sum_{i=1}^{m} z_i \leq \log \frac{\beta}{1-\alpha} \qquad (3.10)$$

1) Mit log wird in dieser Arbeit durchgehend der natürliche Logarithmus bezeichnet.

wird H_o angenommen. In beiden Fällen wird das Experiment abgebrochen.
Für zwei wichtige Verteilungen - die Binomialverteilung und die Normalverteilung - wird der offene Sequentialplan nach Wald beschrieben und an einem Beispiel erläutert.

Offener Sequentialplan bei Binomialverteilung

Die Zufallsvariable X kann nur die Werte O oder 1 annehmen. Die Wahrscheinlichkeit, mit der der Wert X=1 angenommen wird, betrage θ. Damit gilt für die Funktion $f(x,\theta)$, daß $f(1,\theta)= \theta$ und $f(0,p) = 1-\theta$ ist. Es sei H_o die Hypothese, daß $\theta=\theta_o$ ist, und H_1 die Hypothese, daß $\theta=\theta_1$ ist.

Dann gilt

$$z_i = \begin{cases} \log \dfrac{\theta_1}{\theta_o} & \text{falls } x_i = 1 \\ \log \dfrac{1-\theta_1}{1-\theta_o} & \text{falls } x_i = o \end{cases}$$

und

$$\sum_{i=1}^{m} z_i = m^* \log \frac{\theta_1}{\theta_o} + (m-m^*) \log \frac{1-\theta_1}{1-\theta_o} \qquad (3.11)$$

wobei m^* die Anzahl der Beobachtungen mit x=1 angibt.

Beispiel 3.1:
Es soll ein neues Medikament M eingeführt werden, von dem geprüft werden soll, ob es besser ist als ein Standardpräparat S. Dazu werden Versuchspaare gebildet, von denen einer das Medikament M und der andere das Medikament S erhält. Ist bei einem Paar Präparat M besser wird die Zufallsvariable X=1 gesetzt. Im umgekehrten Fall gilt X=O [1]. Die Nullhypothese H_o lautet, daß beide Medikamente gleichwertig sind, d.h. die Wahrscheinlichkeit für das Auftreten von X=1 beträgt θ=0,5. Die Alternativhypothese H_1 sei, daß das Medikament M in mindestens 60% der Fälle dem Standardpräparat S überlegen sei, d.h. die Wahrscheinlichkeit für Auftreten von X=1 beträgt θ=0,6. Die Wahrscheinlichkeiten α und β für den Fehler I. und II. Art seien $\alpha = \beta$ = 0,05. Setzt man die Zahlenwerte in die Formeln (3.8) bis (3.11) ein, ergibt sich nach kleinen Umformungen, daß die Alternativhypothese H_1 angenommen wird,

[1] Der Fall, daß beide Behandlungen gleich sind, bleibt bei der Analyse unberücksichtigt.

falls

$$m^* > 0{,}55 \cdot m + 7{,}26 \qquad (3.12)$$

ist und H_0 angenommen wird, falls

$$m^* < 0{,}55 \cdot m - 7{,}26 \qquad (3.13)$$

ist. Dabei ist m die Gesamtzahl der Beobachtungspaare und m^* die Zahl der Beobachtungspaare mit X=1, d.h. der Paare, bei denen das Medikament M dem Medikament S überlegen war.

Graphisch läßt sich der Sachverhalt folgendermaßen veranschaulichen:

Abbildung 3.1:

Offener Sequentialplan für binomialverteilte Daten ($\alpha = \beta = 0{,}05$)

$H_0 : \Theta = 0{,}5$
$H_1 : \Theta \geq 0{,}6$

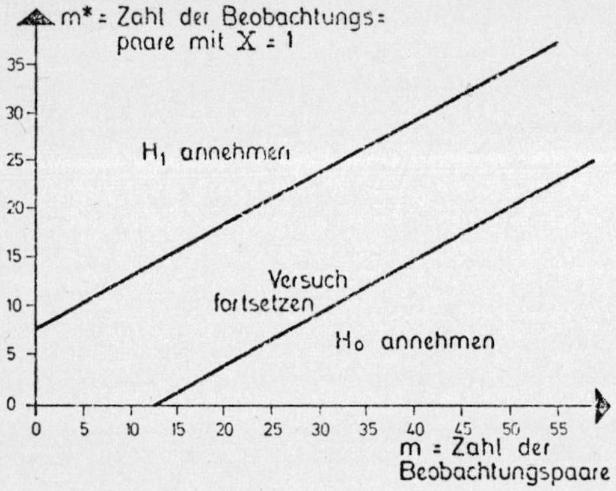

Offener Sequentialplan bei Normalverteilung

X sei normalverteilt mit Mittelwert μ und Standardabweichung σ. Die Nullhypothese sei $H_0 : \mu = \mu_0$; die Alternativhypothese laute

$H_1 : \mu > |\mu_1|$ Damit gilt

$$f(x, \mu_0) = \frac{1}{\sigma\sqrt{2\pi}}\, e^{\frac{-(x-\mu_0)^2}{2\sigma^2}}$$

und

$$f(x, \mu_1) = \frac{1}{\sigma\sqrt{2\pi}} e^{\frac{-(x-\mu_1)^2}{2\sigma^2}}$$

d.h.

$$\sum_{i=1}^{m} z_i = \sum_{i=1}^{m} \log \frac{f(x_i, \mu_1)}{f(x_i, \mu_o)} = \frac{(\mu_1 - \mu_o)}{\sigma^2} \sum_{i=1}^{m} x_i + \frac{(\mu_o^2 - \mu_1^2) \cdot m}{2\sigma^2} \qquad (3.14)$$

Beispiel 3.2:

An geeigneten Paaren soll der Effekt zweier akut wirkender blutdrucksenkender Mittel A und B geprüft werden. Ein Paarling erhält jeweils Mittel A, der andere Mittel B. Der Versuch wird sequentiell durchgeführt und dann abgebrochen, wenn die Blutdruckdifferenz Σd_i zwischen A und B mehr als 5 mmHg beträgt ($2\alpha = \beta = 0{,}05$; $\mu_o = 0$; $\mu_1 \geq |5|$). Aus Vorversuchen sei bekannt, daß die Varianz der Differenzen ca. $\sigma^2 = 100$ betrage. Setzt man die Zahlenwerte in die Formeln (3.8), (3.9) und (3.14) ein, so ergibt sich:

Falls

$$\sum_{i=1}^{m} d_i > 2{,}5\, m + 73 \qquad (3.15)$$

gilt, ist A besser als B.

Ist entsprechend

$$\sum_{i=1}^{m} d_i < -2{,}5\, m - 73 \qquad (3.16)$$

ist Mittel B besser als A

Sollte

$$\Sigma d_i < 2{,}5\, m - 60 \qquad (3.17)$$

oder

$$\Sigma d_i > -2{,}5\, m + 60 \qquad (3.18)$$

gelten, kann die Nullhypothese, daß A und B gleich sind, angenommen werden. Solange keine der Ungleichungen (3.15) bis (3.18) erfüllt ist, muß der Versuch fortgesetzt werden. Auch diese sequentielle Prüfung läßt sich graphisch durchführen, wie in Abbildung 3.2 zu sehen ist.

Abbildung 3.2:

Offener Sequentialplan für normalverteilte Daten (H_0: Σd_i = 0; H_1 : Σd_i > |5| ; σ^2 = 100; 2 α = ß = 0,05)

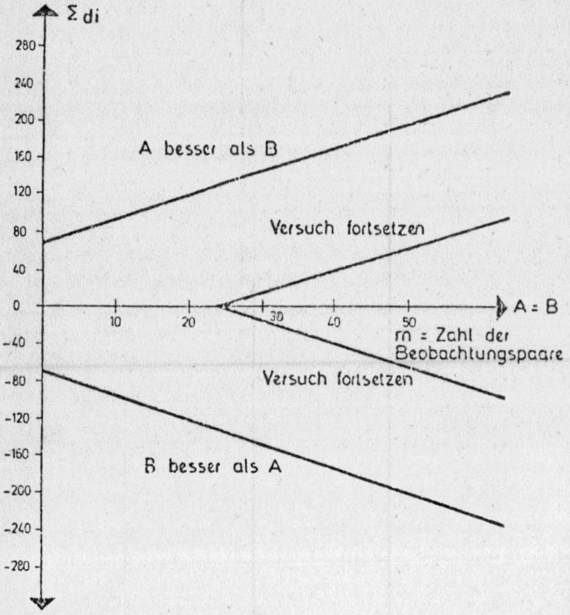

Die offenen Sequentialpläne sind aufgrund ihrer Eigenschaften nur sehr begrenzt bei Therapiestudien zu verwenden. Die wichtigste Einschränkung liegt in der Tatsache, daß Behandlungsbeginn und Zielereignis zeitlich dicht hintereinanderliegen müssen.
Ein weiteres Handikap liegt darin, daß mit solchen Sequentialplänen nur eine Gruppe bzw. zwei Gruppen mit Behandlungspaaren analysiert werden können. Die Tatsache, daß bei offenen Sequentialplänen die maximal benötigte Fallzahl nicht festgelegt werden kann - theoretisch kann sie unendlich betragen - erschwert ihren Einsatz. Die mittlere Beobachtungszahl liegt dagegen wesentlich unter dem gewöhnlichen Alternativtest mit fixer Beobachtungszahl bei gleichen Fehlerwahrscheinlichkeiten α und ß. Die mittlere

Beobachtungszahl (ASN = average sample number) ist der Erwartungswert der Beobachtungszahl N unter der Alternativhypothese H_1 [1] - $E(N/H_1)$.
Für die Binomialverteilung gilt (Wald 1947).

$$E(N/H_1) \approx \frac{\beta \cdot \log \frac{\beta}{1-\alpha} + (1-\beta) \cdot \log\left(\frac{1-\beta}{\alpha}\right)}{P_1 \cdot \log \frac{\Theta_1}{\Theta_o} + (1-{}_1) \cdot \log \frac{1-\Theta_1}{1-\Theta_o}} \qquad (3.19)$$

Für die Normalverteilung erhält man (Wald, 1947)

$$E(N/H_1) \approx \frac{\beta \cdot \log \frac{\beta}{1-\alpha} + (1-\beta) \cdot \log \frac{1-\beta}{\alpha}}{(\mu_1 - \mu_o)^2 / 2\sigma^2} \qquad (3.20)$$

Beispiel 2.3:

Mit den Daten aus Beispiel 2.2 -
$\mu_1 = 5$; $\mu_o = 0$; $\sigma^2 = 100$; $2\alpha = \beta = 0{,}05$ [2] - ergibt sich

$$E(N/H_1) \approx 27 \qquad (3.21)$$

Gegenüber der Fallzahl für den Test mit fixer Beobachtungszahl (Einstichprobenfall bzw. Paardifferenzen mit Varianz σ^2), für den gilt

$$N_o = \frac{(z_\alpha + z_\beta)^2 \cdot \sigma^2}{(\mu_1 - \mu_o)^2} \qquad (3.22)$$

und damit in diesem Beispiel mit $z_\alpha = 1{,}96$ und $z_\beta = 1{,}645$) erhält man

$$N_o = 52 \qquad (3.23)$$

Somit ergibt sich eine Ersparnis von 48% bei der Fallzahl. Die genauen Werte für verschiedene α und β aufgrund der Formeln (3.20) und (3.22) können der folgenden Tabelle 3.1 entnommen werden.

Der Sequential Probability Ratio Test hat von allen sequentiellen und gruppensequentiellen Verfahren die niedrigste mittlere Beobachtungszahl (Wald und Wolfowitz, 1948, Lai 1973). Trotz dieser optimalen Eigenschaft haben die obengenannten Einschränkungen eine breitere

---

[1] Auch unter der Nullhypothese H_o ist die mittlere Beobachtungszahl definiert, doch spielt sie in den folgenden Betrachtungen keine Rolle.

[2] Um Verwechslungen zwischen einseitiger und zweiseitiger Fragestellung zu vermeiden, wird beim einseitigen Test stets die Bezeichnung α und beim zweiseitigen Test entsprechend 2α gewählt.

Anwendung bei Therapiestudien verhindert [1], zumal mit den in den folgenden zwei Abschnitten beschriebenen Weiterentwicklungen geeignetere Methoden zur Verfügung stehen.

Tabelle 3.1: Mittlere Beobachtungszahl beim Sequential Probality Ratio Test in Relation (%) zum Test mit fixer Beobachtungszahl (Normalverteilung)

2 α	0,01	0,05	0,10
β \ α	0,005	0,025	0,05
0,5	59,0	60,6	61,4
0,4	62,7	63,3	63,6
0,3	64,5	64,1	63,8
0,25	64,6	63,7	63,1
0,2	64,0	62,6	61,7
0,1	59,7	57,1	55,5
0,05	54,3	50,9	49,0
0,01	43,2	39,2	36,9

1) Einzelne Anwendungen werden bei Armitage (1975) beschrieben.

3.2 Geschlossene Sequentialpläne

Um die Möglichkeit sehr großer Beobachtungszahlen auszuschalten, hat schon Wald (1947) vorgeschlagen, eine obere Grenze N festzulegen, bei der die Nullhypothese angenommen wird, falls vorher keine Entscheidung gefallen ist. Solche Sequentialpläne werden als geschlossene Sequentialpläne bezeichnet. Durch solche Begrenzungsregeln werden natürlich die Fehlerwahrscheinlichkeiten α und β, die für den offenen Sequentialplan gelten, erhöht. Die von Wald (1947) angegebenen Formeln ermöglichen zwar für jede obere Grenze die veränderten α und β zu berechnen, für die Konstruktion von geschlossenen Sequentialplänen mit vorgegebenen α und β sind die Angaben von Wald jedoch nicht geeignet. Armitage hat 1957 solche geschlossenen Sequentialpläne konstruiert[1], die wesentlich allgemeiner zu verwenden sind, als die von Bross (1952) durch 'trial and eror' gefunden speziellen geschlossenen Sequentialpläne.

Der eingeschränkte Sequentialplan von Armitage für normalverteilte Variablen

x_i (i=1,2, ...) seien normalverteilte Beobachtungswerte mit Mittelwert μ und Varianz σ^2.

Es sei

$$y_n = \sum_{i=1}^{n} x_i \qquad (3.24)$$

Das Experiment wird fortgesetzt bis eine der folgenden drei Grenzen erreicht wird

(1) die obere Grenze U : $y_n = a+b.n$ (3.25)

(2) die untere Grenze L : $y_n = -a-b.n$ (3.26)

(3) die mittlere Grenze M : $n = N$ (3.27)

---

1) Erweiterungen sind bei Schneiderman - Armitage (1962a) beschrieben

Unter der Nullhypothese H_o : $\mu = o$, der Alternativhypothese H_1 : $\mu \geqslant |\mu_1|$ und den Fehlerwahrscheinlichkeiten α und ß gilt

$$a = \frac{\sigma^2}{\mu_1} \log \frac{1-\beta}{\alpha} \qquad (3.28)$$

$$b = \frac{\mu_1}{2} \qquad (3.29)$$

Die oberen und unteren Grenzen U bzw L entsprechen exakt den oberen und unteren Schranken beim zweiseitigen offenen Sequentialtest nach Wald. Dies zeigt auch die Anwendung der Zahlen des Beispiels 3.2.

<u>Beispiel 3.4</u>

Mit $\mu_1 \geqslant |5|$; $2\alpha = \beta = 0{,}05$; $\sigma^2 = 100$ erhält man für die obere Grenze

$$U : y_n = 73 + 2{,}5\ n \qquad (3.30)$$

und für die untere Grenze

$$L : y_n = -73 - 2{,}5 \cdot n \qquad (3.31)$$

Dies entspricht exakt den Ungleichungen (3.15) und (3.16). Der Unterschied zwischen dem eingeschränkten Sequentialplan von Armitage und dem offenen Plan nach Wald läßt sich durch die folgende Abbildung 3.3 verdeutlichen.

Abbildung 3.3 Graphische Veranschaulichung der Unterschiede zwischen dem eingeschränkten Sequentialplan nach Armitage und dem offenen Sequentialplan nach Wald

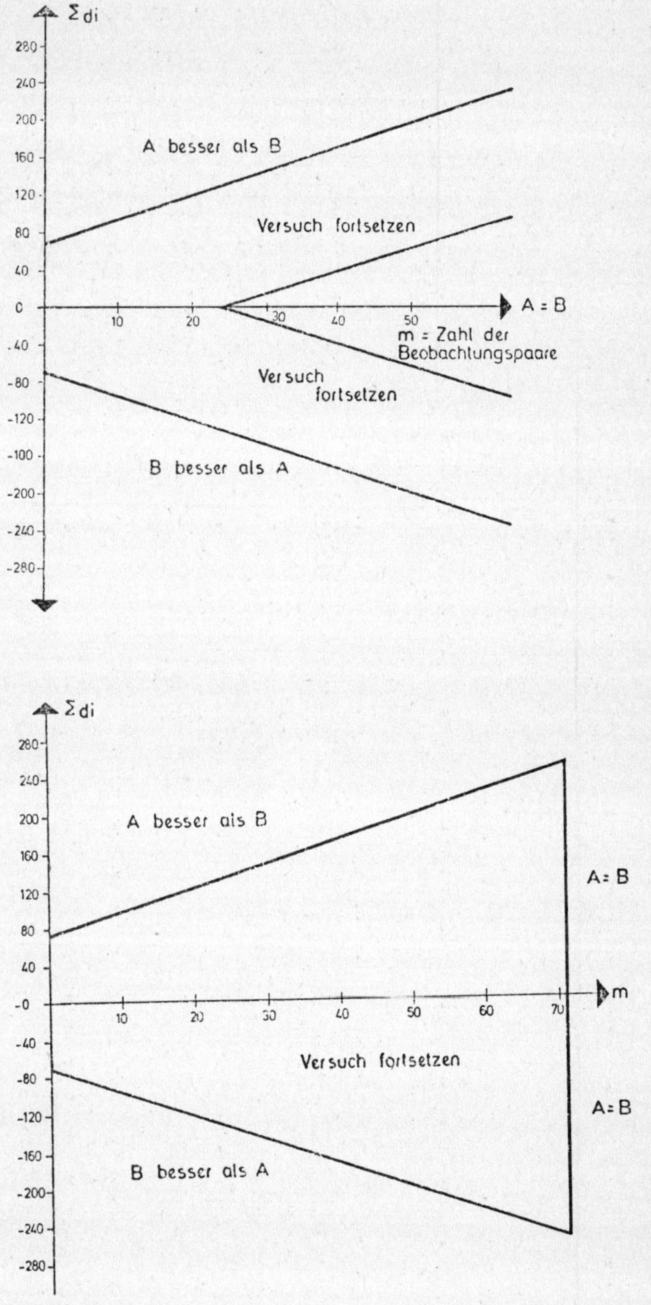

Zur Schätzung der maximalen Fallzahl N, nach der die Nullhypothese H_0 angenommen wird, falls vorher keine Entscheidung zugunsten von H_1 gefallen ist, hat Armitage (1957) die folgende Beziehung abgeleitet (vgl. auch Anderson 1960, Robbins-Siegmund 1970)

$$\beta = F\left(\frac{\log\{(1-\beta)/\alpha\}}{\Delta\sqrt{N}} - \frac{\Delta\sqrt{N}}{2}\right) - \left(\frac{1-\beta}{\alpha}\right) \cdot$$

$$F\left(-\frac{\log\{(1-\beta)/\alpha\}}{\Delta\sqrt{N}} - \frac{\Delta\sqrt{N}}{2}\right) \tag{3.32}$$

wobei

$$\Delta = \mu_1/\sigma \quad \text{ist} \tag{3.33}$$

und

$$F(u) = \int_{-\infty}^{u} \frac{1}{\sqrt{2\pi}} e^{-\frac{1}{2}t^2} dt \tag{3.34}$$

die Verteilungsfunktion der Standardnormalverteilung ist

Gleichung (3.32) läßt sich bei vorgegebenen α, β und Δ durch sukzessive Iteration nach N auflösen. Praktischer ist es für verschiedene α und β den Ausdruck $\Delta\sqrt{N}$ zu berechnen. Armitage (1957) gibt nur für wenige Werte von α und β eine Tabelle mit Werten von $\Delta\sqrt{N}$ an. Formel (3.32) wurde deshalb programmiert und durch schrittweise Iteration, die in der folgenden Tabelle 3.2 enthaltenen Werte von $\Delta\sqrt{N}$ berechnet.

Tabelle 3.2
Eingeschränkter Sequentialplan nach Armitage: Werte für $\frac{\mu_1}{\sigma}\sqrt{N}$ für verschiedene α und β

β \ 2α	0,01	0,05	0,10
0,5	2,757	2,128	1,802
0,4	3,049	2,424	2,100
0,3	3,369	2,748	2,427
0,25	3,593	2,935	2,615
0,2	3,755	3,142	2,824
0,1	4,316	3,716	3,406
0,05	4,803	4,217	3,915
0,01	5,785	5,232	4,950

Beispiel 3.5

Für die Werte des Beispiels 3.2 und 3.4 $\mu_1 = 5$; $2\alpha = 0{,}05$; $\beta = 0{,}05$ und $\sigma^2 = 100$ ergibt sich aus Tabelle 3.2

$$\frac{\mu_1}{\sigma}\sqrt{N} = 4{,}217 \qquad (3.35)$$

und damit

$$N = \frac{17{,}78 \cdot \sigma^2}{\mu_1^2} = \frac{17{,}78 \cdot 100}{25} \approx 71 \qquad (3.36)$$

Der Vergleich mit der Fallzahl beim Test mit fixer Beobachtungszahl (3.22 und 3.23), die $N_o = 52$ betrug, zeigt, daß die maximale Fallzahl N beim geschlossenen Sequentialplan doch erheblich über der Beobachtungszahl beim einmaligen Testen liegt. Tabelle 3.3 enthält für verschiedene Werte von α und ß, das Verhältnis von N zu N_o.

Tabelle 3.3 Eingeschränkter Sequentialplan nach Armitage: Werte von N/N_o für verschiedene α und ß

ß \ 2α	0,10	0,05	0,01
0,5	1,145	1,179	1,200
0,4	1,162	1,200	1,224
0,3	1,181	1,224	1,252
0,25	1,195	1,241	1,271
0,2	1,207	1,257	1,289
0,1	1,252	1,314	1,354
0,05	1,295	1,367	1,416
0,01	1,393	1,490	1,554

Leider existiert für den geschlossenen Sequentialplan keine einfache Formel zur Berechnung der durchschnittlichen Beobachtungszahl wie beim offenen Sequentialplan.
In Analogie zu dem in Kapitel 4 beschriebenen Verfahren läßt sich durch numerische Integration die durchschnittliche Fallzahl berechnen (Armitage 1975, Aroian 1968 und Aroian, Robinson 1969, Siegmund 1977). Der Rechenaufwand für große N ist jedoch enorm.
Für $\beta=0{,}05$ und $2\alpha = 0{,}05$ bzw. $2\alpha = 0{,}01$ hat Armitage (1975) die Berechnungen durchgeführt. Die folgende Tabelle 3.4 zeigt diese Zahlen. Zum Vergleich sind noch die mittleren Beobachtungszahlen $E(N/H_1)$ für den offenen Sequentialplan nach Wald (Formel 3.20) und die Fallzahl N_0 für den Test mit fixer Beobachtungszahl mitaufgeführt. Aus der Tabelle wird ersichtlich, daß für $\beta=0{,}05$ und $2\alpha=0{,}05$ bzw. $2\alpha=0{,}01$ die durchschnittliche Fallzahl für den Armitage-Plan um etwa 10% über dem Wald-Plan liegt.

Beispiel 3.6

Für die Werte von Beispiel 3.2 $\mu_1 = 5$, $\sigma = 10$, $2\alpha = 0{,}05$, $\beta = 0{,}05$ gilt somit $\mu_1/\sigma = 0{,}5$ und damit nach Tabelle 3.4 für die durchschnittliche Beobachtungszahl beim geschlossenen Armitage-Plan

$$E(N/H_1) = 30 \qquad (3.37)$$

Der eingeschränkte Sequentialplan von Armitage für binomialverteilte Größen

Analog zum Beispiel 3.1 sollen zwei Behandlungen M_1 und M_2 miteinander verglichen werden. Diesen Behandlungen sind jeweils Beobachtungspaare zugeordnet. Θ sei der Anteil der Paare, bei denen M_1 besser als M_2 ist. Geprüft wird die Nullhypothese $H_0 : \Theta = 0{,}5$ d.h. M_1 und M_2 sind gleichwertig gegen Alternativhypothese

$$H_1 : \Theta = \Theta_1 > \frac{1}{2} \quad (\text{bzw. } H_1 : \Theta = 1-\Theta_1 < 1/2)$$

d.h. M_1 ist besser als M_2 (M_2 besser als M_1)

Tabelle 3.4:

Maximale Fallzahl N und durchschnittliche Beobachtungszahl $E(N/H_1)$ bei eingeschränkten Sequentialplan nach Armitage; durchschnittliche Beobachtungszahl beim offenen Sequentialplan nach Wald und Fallzahl N_o beim einmaligen Test mit fixer Beobachtungszahl. (ß=0,05)

	$2\alpha = 0{,}05$				$2\alpha = 0{,}01$			
	Armitage		Wald	einmal. Test	Armitage		Wald	einmal. Test
μ_1/σ	N	$E(N/H_1)$	$E(N/H_1)$	N_o	N	$E(N/H_1$	$E(N/H_1)$	N_o
0,3	198	81	74	145	257	- [1]	108	198
0,4	112	46	42	82	145	66	61	112
0,5	71	30	27	52	93	43	39	72
0,6	50	21	19	37	64	30	27	50
0,7	37	16	14	27	47	23	20	37
0,8	28	13	11	21	36	17	15	28
0,9	22	10	9	16	29	14	12	22
1,0	18	8	7	13	23	11	10	18
1,2	13	6	5	9	16	8	7	13
1,4	9	5	4	7	12	6	5	9

1) Zahlenwert wurde von Armitage (1975) nicht berechnet.

Analog zum eingeschränkten Plan für normalverteilte Größen gibt Armitage (1957) den folgenden Plan:

Es sei

$$y_n = n_1 - n_2 = 2_{n_1} - n \qquad (3.38)$$

wobei n_1 die Anzahl der Paare ist, bei denen M_1 besser als M_2 ist, und n_2 die Anzahl der Paare, bei denen M_2 besser als M_1 ist.

Das Experiment wird fortgesetzt, bis eine der folgenden drei Grenzen erreicht wird.

(1) die obere Grenze U : $y_n = a + b.n$ (3.39)

(2) die untere Grenze L : $y_n = -a - b.n$ (3.40)

(3) die mittlere Grenze M : $n = N$ (3.41)

Unter der Nullhypothese $H_o : \Theta = 0{,}5$, der Alternativhypothese $H_1 : \Theta = \Theta_1 > 1/2$ (bzw. $H_1 \; \Theta = 1-\Theta_1 < 1/2$) und den Fehlerwahrscheinlichkeiten α und β gilt

$$a = \frac{2 \log \{(1-\beta) / \alpha\}}{\log \{\Theta_1 / (1 - \Theta_1)\}} \qquad (3.42)$$

und

$$b = \frac{2 \log \left\{\frac{1}{2} \; \Theta_1^{-\frac{1}{2}} \; (1-\Theta_1)^{-\frac{1}{2}}\right\}}{\log \left\{ \Theta_1 / (1 - \Theta_1) \right\}} \qquad (3.43)$$

Die direkte Berechnung der maximalen Fallzahl ist sehr aufwendig. Armitage (1979) benutzt deshalb die für normalverteilte Größen gefundenen Abschätzungen (Tabelle 3.2 und 3.3), in dem er die folgenden Approximationen benutzt:

$$\mu = 2 \cdot \Theta - 1 \qquad (3.44)$$

und

$$\sigma^2 = 4 \cdot \Theta \cdot (1 - \Theta) \qquad (3.45)$$

Beispiel 3.7

Mit den Werten von Beispiel 3.1 $\Theta_1 = 0{,}6$

$\alpha = \beta = 0{,}05$, erhält man aus (3.42) und (3.43)

$$a = 14{,}52 \text{ und } b = 0{,}1$$

und damit für die obere Grenze a

$$U : y_n = 0{,}1 \cdot n + 14{,}52 \qquad (3.47)$$

und entsprechend für die untere Grenze U

$$L : y_n = -0{,}1 \cdot n - 14{,}52 \qquad (3.48)$$

Mit Hilfe der Beziehung $y_n = 2n_1 - n$ (3.38)

errechnet man leicht die Gleichung

$$n_1 = 0{,}55\, n + 7{,}26 \qquad (3.49)$$

die exakt mit der oberene Grenze (3.12)
des offenen Sequentialplans nach Wald übereinstimmt.
Damit sind dieselben Ähnlichkeiten wie bei normalverteilten Variablen zwischen dem geschlossenen und offenen Plan zu beobachten. Über die Approximationen (3.44) und (3.45) $\mu = 2\,\Theta_1 - 1 = 0{,}2$ und $\sigma^2 = 4\,\Theta_1\,(1-\Theta_1) = 0{,}96$ und den Tabellenwert $\frac{\mu}{\sigma} \cdot \sqrt{N} = 3{,}915$ der Tabelle 3.2 ergibt sich als maximale Fallzahl für den geschlossenen Sequentialplan $N = 368$ (3.50)

Wiederholte Signifikanztests nach Armitage für normalverteilte Variable

x_i (i = 1,2, ...) seien normalverteilte Beobachtungswerte mit Mittelwert μ und Varianz σ^2. Es sei wiederum

$$y_n = \sum_{i=1}^{n} x_i \qquad (3.51)$$

In Anlehnung an den einmal durchgeführten Test mit fixer Beobachtungszahl, bei dem die Nullhypothese $H_0{:}\,\mu=0$ verworfen wird, wenn

$$|y_n| > k \cdot \sigma \sqrt{n} \qquad (3.52)$$

ist, wobei für ein Signifikanzniveau von $2\alpha = 0{,}05$ der entsprechende Wert der Standardnormalverteilung von $k = 1{,}96$ gilt, haben Armitage und Mitarbeiter (Armitage, McPherson, Rowe (1969), McPherson, Armitage (1971), McPherson (1974), Armitage (1975), McPherson (1977)) einen geschlossenen Sequentialplan entwickelt, bei dem y_n für jedes n nicht mehr wie bei den bisher vorgestellten Verfahren mit einem Ausdruck der Form a+b.n verglichen wird, sondern bei dem für jedes n ein Test der Form (3.52) durchgeführt wird. Die Konstante k in der Ungleichung (3.52) hängt nicht nur wie beim einmaligen Testen vom Signifikanzniveau α ab sondern auch von der Testzahl n. Mit wachsendem n nimmt die Wahrschein lichkeit zu, die Alternativhypothese fälschlicherweise anzunehmen. Die folgende Tabelle 3.5 (Mc Pherson 1977) zeigt diesen Effekt, wenn man mit den bekannten Werten von k:1,645 (2α = 0,1), 1,96 (2α = 0,05), 2,576 (2α = 0,01) für den einmaligen Test wiederholte Signifikanztests durchführt. Das Verfahren zur Berechnung der Tabellenwerte wird im Kapitel 4 behandelt.

Tabelle 3.5

Gesamtwahrscheinlichkeit bei gegebenen Einzelsignifikanzniveau nach n wiederholten Tests die Alternativhypothese anzunehmen, obwohl sich die Vergleichsgruppen nicht unterscheiden

Einzelsignifikanzniveau 2α* / Zahl der wiederholten Tests n	2α= 0,01 k = 2,576	2α= 0,05 k = 1,96	2α= 0,10 k = 1,645
1	0,01	0,05	0,10
2	0,018	0,083	0,160
3	0,024	0,107	0,202
4	0,029	0,126	0,234
5	0,033	0,142	0,260
10	0,047	0,193	0,342
25	0,070	0,266	0,449
50	0,088	0,320	0,524
200	0,126	0,424	0,652

Um nach n wiederholten Tests ein bestimmtes Gesamtsignifikanzniveau 2α einzuhalten, muß die Konstante k gegenüber dem Einzeltest angehoben werden und damit das Einzelsignifikanzniveau erniedrigt werden. Für ein Gesamtniveau von 2α = 0,1; 0,05 und 0,01 sind für verschiedene n die entsprechenden Werte in Tabelle 3.6 enthalten (Armitage, Mc Pherson, Rowe (1969), Mc Pherson, Armitage (1971), Mc Pherson (1974), Pocock (1977,1978,1979,1981,1982) und eigene Berechnungen).

Tabelle 3.6

Wiederholte Signifikanztests nach Armitage - Adjustierung des Einzelsignifikanzniveaus $2\alpha^*$ bzw. Veränderung des k-Werts der Standardnormalverteilung

Gesamtsignifikanzniveau 2α / Zahl der wiederholten Tests n	0,01		0,05		0,1	
	$2\alpha^*$	k	$2\alpha^*$	k	$2\alpha^*$	k
1	0,01	2,576	0,05	1,960	0,1	1,645
2	0,0056	2,772	0,0294	2,178	0,0607	1,875
3	0,0041	2,873	0,0221	2,283	0,0464	1,992
4	0,0033	2,939	0,0182	2,361	0,0387	2,067
5	0,0028	2,986	0,0158	2,413	0,0339	2,122
6	0,0025	3,023	0,0142	2,453	0,0305	2,164
7	0,0023	3,053	0,0129	2,485	0,0280	2,197
8	0,0021	3,077	0,0120	2,512	0,0261	2,225
9	0,0020	3,099	0,0112	2,535	0,0245	2,249
10	0,0018	3,117	0,0106	2,555	0,0232	2,270
15	0,0015	3,181	0,0086	2,627	0,0190	2,344
20	0,0013	3,224	0,0076	2,672	0,0185	2,355
25	0,0011	3,26	0,0067	2,71	0,0143	2,45
50	0,0008	3,35	0,0052	2,80	0,0114	2,53
75	0,0007	3,39	0,0044	2,85	0,0100	2,58
100	0,0006	3,42	0,0040	2,88	0,0090	2,61
150	0,0005	3,45	0,0035	2,92	0,0080	2,66
200	0,0005	3,47	0,0032	2,95	0,0075	2,68

Zur Konstruktion eines geschlossenen Sequentialplan zur Testung der Nullhypothese

$H_0 : \mu = 0$ gegen die Altenativhypothese

$H_1 : \mu \geqslant |\mu_1|$ bei vorgegebenen α und ß für den Fehler I. und II. Art, kann man die Werte aus Tabelle 3.7 benutzen (Mc Pherson, Armitage (1971, Armitage (1975), Mc Pherson (1977)).

Tabelle 3.7

Wiederholte Signifikanztests nach Armitage - Maximale Fallzahl und zugehöriger k-Wert der Standardnormalverteilung

Gesamtsignifikanzniveau 2α	0,1		0,05		0,01	
μ_1 / σ \ ß	0,05	0,1	0,05	0,1	0,05	0,1
0,3	177 2,67	142 2,65	200 2,95	170 2,93	-[1]	-[1]
0,4	97 2,61	80 2,59	111 2,89	93 2,87	148 3,45	126 3,44
0,5	61 2,56	50 2,53	71 2,84	60 2,82	93 3,41	78 3,39
0,6	42 2,51	34 2,48	49 2,80	41 2,78	64 3,38	55 3,36
0,8	22 2,42	18 2,39	28 2,73	23 2,70	36 3,31	31 3,29
1,0	14 2,34	11 2,30	17 2,65	14 2,62	22 3,25	19 3,22
1,2	10 2,27	8 2,23	12 2,60	9 2,54	15 3,19	13 3,18
1,4	7 2,20	6 2,17	8 2,52	6 2,46	11 3,15	8 3,08

[1] Für Fallzahlen von mehr als 200 liegen keine Ergebnisse vor, da der Rechenaufwand zu hoch wird.

Beispiel 3.8

Für das Standardbeispiel mit $\mu_1 = 5; 2\alpha = \beta = 0{,}05$ und $\sigma = 10$, erhält man aus Tabelle 3.7 den geschlossenen Sequentialplan mit den Grenzen

$$|y_n| = 28{,}4 \cdot \sqrt{n} \qquad (3.53)$$
$$n = 1, \ldots, N$$

und der maximalen Fallzahl $N = 71$.
Ein Vergleich mit dem eingeschränkten Sequentialplan (Beispiel: 3.4 und 3.5) zeigt, daß die maximale Fallzahl der beiden Pläne in diesem konkreten Fall übereinstimmt. Wie sich die beiden geschlossenen Sequentialpläne für das Standardbeispiel graphisch unterscheiden, ist in der folgenden Abbildung 3.4 zu sehen.

Abbildung 3.4

Eingeschränkter Sequentialplan und wiederholtes Signifikanztesten (RST) nach Armitage

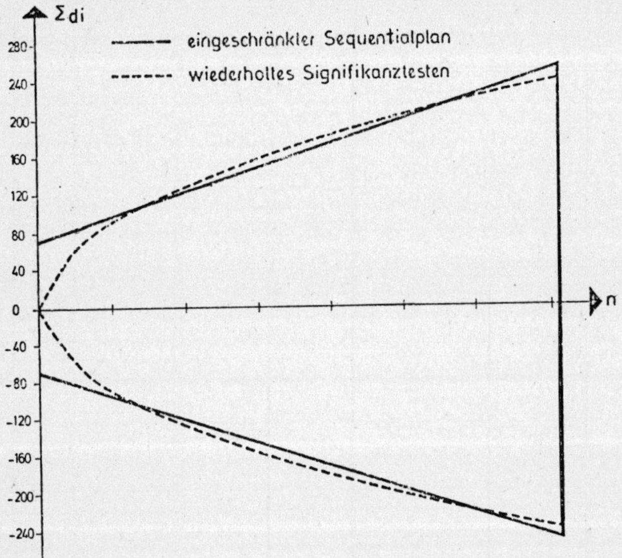

Auch beim wiederholten Signifikanztesten läßt sich wie beim eingeschränkten Sequentialplan die durchschnittliche Beobachtungszahl $E(N/H_1)$ nur durch numerische Integration bzw. Simulationen berechnen. Wegen des hohen Rechenaufwandes existieren auch hier nur Ergebnisse für $\beta=0,05$ und $2\alpha = 0,05$ bzw. 0,01 (Armitage 1975). Die folgende Tabelle 3.8 zeigt N und $E(N/H_1)$ für das wiederholte Signifikanztesten. Zum Vergleich sind noch die entsprechenden Zahlen des eingeschränkten Sequentialplans zu sehen. Es zeigt sich, daß für dieses β ($\beta=0,05$) die beiden Sequentialpläne bezüglich der maximalen und mittleren Beobachtungszahl nahezu identisch sind.

Tabelle 3.8

Maximale und Durchschnittliche Beobachtungzahl beim wiederholten Signifikanztesten (RST) und beim eingeschränkten Plan nach Armitage ($\beta=0,05$)

μ / σ	$2\alpha = 0,05$				$2\alpha = 0,01$			
	RST-Plan		eingeschränkter Plan		RST-Plan		eingeschränkter Plan	
	N	$E(N/H_1)$	N	$E(N/H_1)$	N	$E(N/H_1)$	N	$E(N/H_1)$
0,3	200	85	198	81	-	-	257	-
0,4	111	47	112	46	148	69	145	66
0,5	71	30	71	30	93	44	93	43
0,6	49	21	50	21	64	30	64	30
0,8	28	12	28	13	36	17	36	17
1,0	17	7	18	8	22	11	23	11
1,2	12	5	13	6	15	8	16	8
1,4	8	4	9	5	11	6	12	6

Wiederholte Signifikanztests nach Samuel - Cahn für normalverteilte Variable

Eine besonders im Hinblick auf die Anwendung im gruppensequentiellen Bereich interessante Variante der wiederholten Signifikanztests wurde von Samuel-Cahn (1974a, 1974b, 1974c) entwickelt.

x_i (i = 1,2, ..., N) seien wiederum normalverteilte Beobachtungswerte mit Mittelwert μ und Varianz σ^2. Nach jedem Schritt wird die Partialsumme

$$y_n = \sum_{i=1}^{n} x_i \qquad n = 1, \ldots, N \qquad (3.54)$$

getestet. Die Nullhypothese $H_o : \mu = o$ wird verworfen, wenn

$$y_n > k \cdot \sigma \quad \sqrt{N} \qquad (3.55)$$

ist, wobei N die vorgegebene Grenze des Sequentialplans ist.

Der Ausdruck $k \cdot \sigma \cdot \sqrt{N}$ ist eine von n unabhängige Konstante. Damit ergeben sich für die RST-Pläne nach Armitage und Samuel-Cahn die folgenden beispielhaften graphischen Darstellungen.

Abbildung 3.5

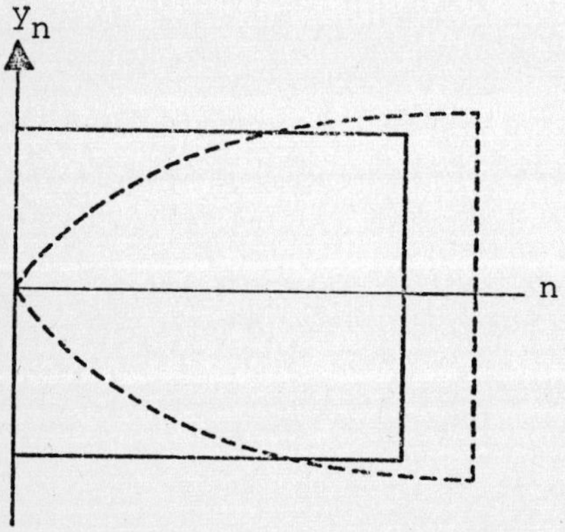

----Wiederholtes Signifikanztesten (Armitage)

——Wiederholtes Signifikanztesten (Samuel-Cahn)

Für den Sequentialplan nach Samuel-Cahn gelten die folgenden Eigenschaften (Samuel-Cahn 1974b). Beim n-fachen wiederholten Signifikanztesten mit den Einzelsignifkanzniveau 2α wird das Gesamtniveau von $2\alpha^* = 4\alpha$ nicht überschritten. Die Power des Test (1-ß) beträgt minimal 94 % des entsprechenden Tests mit fixer Fallzahl. Mit Hilfe dieser Eigenschaften können obere Schranken für die Konstante k und die maximale Fallzahl N und damit ein Sequentialplan nach (3.55) abgeschätzt werden. Die Berechnungen führen besonders für kleine N zu großen Überschätzungen, wie die exakten Berechnungen für die gruppensequentielle Pläne durch numerische Integration im nächsten Abschnitt zeigen werden. Im Zusammenhang mit den geschlossenen Sequentialplänen soll deshalb der Ansatz von Samuel-Cahn nicht weiter betrachtet werden.

Verwendung von geschlossenen Sequentialplänen bei Therapiestudien

Die Festlegung der maximal benötigten Fallzahl erleichtert wesentlich die Anwendung von geschlossenen Sequentialplänen bei Therapiestudien. Die Einschränkung, daß Behandlungsbeginn und Zielereignis zeitlich eng hintereinanderliegen müssen, gilt jedoch weiterhin (Cutler et al. 1969). Für solche Zielvariable sind einige geschlossene Sequentialpläne in der Literatur beschrieben worden. Armitage (1975) nennt ca. ein Dutzend Studien für den Zeitraum 1957-1968. Neuere Beispiele sind bei George (1980), Thompson (1980) und Whitehead (1983) beschrieben. Bei allen Studienarten selbst bei Langzeitstudien sind geschlossene Sequentialpläne zur Überwachung von unerwünschten Nebenwirkungen und schwerwiegenden Komplikationen ein hervorragendes methodisches Instrument (Clofibrat-Studie) (Oliver et al. 1978).
In diesem Bereich dürfte wohl ihre Stärke und Zunkunft liegen.

Von den hier dargestellten geschlossenen Sequentialverfahren sind die eingeschränkten Sequentialpläne nach Armitage am einfachsten und universellsten zu handhaben, da sie für jede Kombination von $\alpha, \beta, \mu_o, \mu_1$, σ und N leicht zu konstruieren sind. Die wiederholten Signifikanztests sind wegen ihrer schwierigen Berechnung nur für die wenigen tabellierten Standardsituationen einsetzbar. Ihre Stärke liegt beim gruppensequentiellen Vorgehen, das im folgenden Abschnitt beschrieben wird.

3.3 Gruppensequentielle Pläne

Schon Wald (1947) erwähnt die Möglichkeit nicht nach jedem Beobachtungspaar sondern nach Erreichen von bestimmten Gruppengrößen sequentiell zu testen. Die Idee wurde jedoch methodisch zunächst nur ungenügend weiterverfolgt. Erst 1973 wird von Elfring und Schulz und 1974 von Havelec et al. für binomialverteilte Größen ein gruppensequentieller Plan beschrieben. Der große Durchbruch gelang Pocock (1977,1978,1979,1981,1982), der die RST-Pläne von Armitage (wiederholtes Signifikanztesten) zu gruppensequentiellen Plänen weiterentwickelte und damit ein hervorragendes methodisches Instrument für Zwischenauswertungen bei Therapiestudien schuf.

Gruppensequentielle Pläne mit konstantem Signifikanzniveau (Pocock)

Gegeben seien zwei Gruppen, aus denen Meßwerte x_{oi} (i=1, ..., N) und x_{1i} (i=1, ..., N) gewonnen wurden. Die Meßwerte seien normalverteilt mit dem Mittelwert μ_o bzw. μ_1 und der Varianz σ^2 [1]. Getestet wird die Nullhypothese, daß die Mittelwerte gleich sind $(H_o : \mu_o = \mu_1)$ gegen die Alternativhypothese, daß sich

---

[1] Im Gegensatz zu den bisherigen Betrachtungen ist σ^2 die Varianz in jeder Gruppe. Die Varianz der Differenzen, wie in Abschnitt 3.1 und 3.2 betrachtet, ist $\sigma_d^2 = 2\,\sigma^2$.

die Mittelwerte unterscheiden ($H_1 : \mu_0 \neq \mu_1$). Beim einmaligen Testen mit fixer Beobachtungszahl wird die Alternativhypothese angenommen, wenn

$$|Y| = \left| \sum_{i=1}^{N} (x_{oi} - x_{1i}) \right| > k \cdot \sqrt{2\sigma^2} \cdot \sqrt{N} \qquad (3.56)$$

ist. Die Konstante k ergibt sich aus dem Signifikanzniveau 2α und dem entsprechenden Wert der Standardnormalverteilung (z.B. k=1,96 für $2\alpha = 0{,}05$). Beim gruppensequentiellen Plan nach Pocock (Pocock 1977, 1978, 1979,1981, 1982, DeMets- Ware 1980, Hecker 1981) wird angenommen , daß insgesamt J Auswertungen mit jeweils n neuen Patienten in jeder Gruppe stattfinden. Die Gesamtzahl der Patienten pro Gruppe ist damit

$$N = J \cdot n \qquad (3.57)$$

Analog zur Beziehung (3.56) wird bei einer Zwischenauswertung j die Alternativhypothese angenommen, wenn

$$|Y_j| = \left| \sum_{i=1}^{j.n} (x_{oi} - x_{1i}) \right| > k \cdot \sqrt{2\sigma^2 \cdot n}\, \sqrt{j} \quad j=1...,J \qquad (3.58)$$

ist.

Die Konstante k hängt jetzt nicht mehr nur vom Signifikanzniveau 2α sondern auch von der Zahl der Zwischenauswertungen J ab. Es gelten die in Tabelle 3.6 enthaltenen Werte für wiederholte Signifikanztests nach Armitage.

Beim einmaligen Testen mit fixer Beobachtungszahl errechnet sich die Fallzahl N nach der bekannten Formel (z.B. Sachs (1976))

$$N = \frac{(z_\alpha + z_\beta)^2 \cdot 2\,\sigma^2}{\delta^2} \qquad (3.59)$$

wobei $\delta = \mu_o - \mu_1$ die relevante Differenz zwischen den beiden Gruppen und z_α und z_β die Werte der Standardnormalverteilung sind entsprechend der Wahl von α und ß für den Fehler I. und II. Art. In Anlehnung an die obige Formel (3.59), berechnet sich die Gesamtzahl N beim gruppensequentiellen Plan nach der

Formel

$$N = J \cdot n = J * \frac{\Delta^2 \cdot 2\sigma^2}{\delta^2} \qquad (3.60)$$

Die Größe Δ kann für verschiedene α, ß und J durch numerische Integration bestimmt werden [1]. Für α = 0,1, 0,05 und 0,01 sowie ß = 0,1 und 0,05 und J = 1 bis 10 ergeben sich die in Tabelle 3.9 aufgeführten Werte (Pocock 1977). Weitere Δ-Werte können den Tabellen im Anhang entnommen werden.

Die durchschnittliche Fallzahl bei Vorliegen der Alternativhypothese $E(N/H_1)$ errechnet sich folgendermaßen: Durch numerische Integration wird die durchschnittliche Testzahl $E(J/H_1)$ bestimmt. In Äquivalenz zu Formel (3.60) gilt dann

$$E(N/H_1) = E(J/H_1) \cdot n = E(J/H_1) \cdot \frac{\Delta^2 \cdot 2\sigma^2}{\delta^2} \qquad (3.61).$$

Für α = 0,1; 0,05 und 0,01 ; ß=0,1 und 0,05 werden die Werte von $E(J/H_1)$ für J=1, ..., 10 in Tabelle 3.10 angegeben. Weitere Werte sind im Tabellenanhang enthalten.

Beispiel 3.9

Überträgt man die Zahlen des Standardbeispiels auf den gruppensequentiellen Ansatz, so gilt: $\delta = \mu_0 - \mu_1 = 5$; $2\sigma^2 = 100$; $2\alpha = 0{,}05$ und ß = 0,05.
Wählt man z.B. J=5 Auswertungen, dann erhält man mit Δ=1,7595 aus Tabelle 3.9 eine maximale Fallzahl von

$$N = J \cdot \Delta^2 \cdot \frac{2\sigma^2}{\delta^2} = 5 \cdot 1{,}7595^2 \cdot \frac{100}{25} \approx 62 \qquad (3.62)$$

Die durchschnittliche Fallzahl ist dann

$$E(N/H_1) = E)J/H_1) \cdot \frac{\Delta^2 \cdot 2\sigma^2}{\delta^2} = 2{,}528 \cdot 1{,}7595^2 \cdot \frac{100}{25} \approx 32 \quad (3.63$$

wobei der Wert $E(J/H_1)$ = 2,528 aus Tabelle 3.10 entnommen ist.

---

[1] Das Verfahren wird in Kapitel 4 beschrieben.

Tabelle 3.9

Gruppensequentieller Plan nach Pocock - Abstandsparameter Δ zur Bestimmung der maximalen Fallzahl $N=J * \frac{\Delta^2 \cdot 2\sigma^2}{\delta^2}$

α, ß / Testzahl J	2 α = 0,1 ß=0,1	2 α = 0,1 ß=0,05	2 α = 0,05 ß=0,1	2 α = 0,05 ß=0,05	2 α = 0,01 ß=0,1	2 α = 0,01 ß=0,05
1	2,9264	3,2897	3,2415	3,6048	3,8574	4,2207
2	2,1796	2,4412	2,4041	2,6647	2,8392	3,0984
3	1,8238	2,0393	2,0075	2,2218	2,3623	2,5749
4	1,6037	1,7914	1,7629	1,9493	2,0697	2,2544
5	1,4499	1,6184	1,5923	1,7595	1,8663	2,0319
6	1,3345	1,4887	1,4644	1,6174	1,7142	1,8657
7	1,2436	1,3866	1,3638	1,5057	1,5949	1,7352
8	1,1695	1,3033	1,2821	1,4149	1,4980	1,6294
9	1,1075	1,2340	1,3392	1,5734	1,4169	1,5410
10	1,0550	1,1754	1,1556	1,2747	1,3483	1,4658

Tabelle 3.10

Gruppensequentieller Plan nach Pocock.
Durchschnittliche Testzahl E (J/H_1)

maximale Testzahl \ α, β	2α = 0,1		2α = 0,05		2α = 0,01	
	β=0,1	β=0,05	β=0,1	β=0,05	β=0,1	β=0,05
2	1,380	1,286	1,411	1,313	1,473	1,372
3	1,819	1,648	1,880	1,707	2,000	1,827
4	2,267	2,027	2,358	2,116	2,530	2,289
5	2,719	2,410	2,838	2,528	3,061	2,753
6	3,171	2,794	3,319	2,941	3,592	3,217
7	3,623	3,180	3,799	3,355	4,122	3,681
8	4,075	3,566	4,279	3,768	4,652	4,145
9	4,527	3,951	4,760	4,181	5,183	4,609
10	4,977	4,334	5,239	4,594	5,711	5,073

Berechnet man maximale und durchschnittliche Fallzahlen für verschiedene Anzahlen von Zwischenauswertungen, ergeben sich die Werte in der folgenden Tabelle 3.11.

Tabelle 3.11

Gruppensequentieller Plan nach Pocock. Maximale und durchschnittliche Fallzahl für $\delta=5$, $2\sigma^2=100$, $2\alpha=0{,}05$ und $\beta=0{,}05$ in Abhängigkeit von der maximalen Testzahl.

maximale Testzahl	maximale Fallzahl N	durchschnittliche Fallzahl $E(N/H_1)$
1	52	52
2	57	41
3	60	34
4	61	33
5	62	32
6	63	31
7	64	31
8	65	31
9	65	30
10	66	30
sequentiell = 71	71	27

Aus der Tabelle wird sofort deutlich, daß gruppensequentielle Verfahren gegenüber dem totalsequentiellen Plan im Maximum geringere Fallzahlen benötigen. Dafür werden mehr Fälle benötigt, um eine Entscheidung zugunsten der Alternativhypothese treffen zu können.

Gruppensequenzielle Pläne mit ansteigendem Signifikanzniveau (O'Brien - Fleming)

O'Brien und Fleming (1979) haben die geschlossenen Sequentialpläne von Samuel-Cahn (1974) zur Konstruktion eines gruppensequentiellen Plans für das wiederholte Testen von Vierfeldertafeln mit dem χ^2 - Test benutzt. Die entsprechenden Kenngrößen haben sie nicht wie Pocock durch numerische Integration sondern durch Simulationen bestimmt. Zur besseren Vergleichbarkeit wird an dieser Stelle das Verfahren von O'Brien und Fleming für normalverteilte Größen entwickelt. Die Kenngrößen des gruppensequentiellen Plans sind mit dem im Kapitel 4 beschriebenen Verfahren durch numerische Integration neu bestimmt worden, zumal in der Arbeit von O'Brien und Fleming die Kenngrößen nur unvollständig enthalten sind.

Wie beim Verfahren von Pocock sollen zwei Meßwertreihen x_{oi} (i=1, ...,N) und x_{1i} (i=1, ...,N), die normalverteilt sind mit Mittelwert μ_o bzw. μ_1 und Varianz σ^2, miteinander verglichen werden. Insgesamt sollen J Auswertungen mit jeweils n neuen Patienten in jeder Gruppe stattfinden, so daß die Gesamtzahl der Patienten pro Meßwertteile

$$N = J.n \qquad (3.64)$$

beträgt. Analog zur Beziehung (3.58) wird bei einer Zwischenauswertung j die Alternativhypothese angenommen, wenn

$$|y_j| = \left|\sum_{i=1}^{jn} (x_{oi} - x_{1i})\right| > k\cdot \sqrt{2\sigma^2 n}\ .\ \sqrt{J} \quad j=1, ..., J \qquad (3.65)$$

gilt. Diese Beziehung läßt in Anlehnung an Formel (3.58) umformen zu

$$|y_j| = \left|\sum_{i=1}^{j.n} (x_{oi} - x_{1i})\right| > \frac{k\cdot\sqrt{J}}{\sqrt{j}} \ \sqrt{2\,\sigma^2\cdot n}\cdot\sqrt{j} \qquad (3.66)$$

$$j=1, ...J$$

Der Ausdruck

$$k^* (j) = \frac{k \cdot \sqrt{J}}{\sqrt{j}} \qquad j = 1, \ldots . J \qquad (3.67)$$

entspricht dem kritischen k Wert beim einmaligen Testen (k=1,96 für 2α = 0,05) und gibt das Einzelsignifikanzniveau bei jedem Zwischentest j an. k^* (j) wird mit steigendem j kleiner, d.h. das entsprechende Signifikanzniveau 2α wird mit jedem Test größer.

Die Konstante k läßt sich für jedes J durch numerische Integration berechnen (Tabelle 3.12)

Tabelle 3.12

Gruppensequentieller Plan nach O'Brien - Fleming: Werte für die Konstante k zur Berechnung des kritischen Werts $k^* (j) = \frac{k \cdot \sqrt{J}}{\sqrt{j}}$ j=1, ..., J [1)]

Gesamtsignifikanzniveau / Testzahl J	2 α = 0,1	2 α = 0,05	2 α = 0,01
1	1,64485	1,95996	2,57580
2	1,67795	1,97742	2,57960
3	1,70960	2,00404	2,59490
4	1,73310	2,02430	2,60910
5	1,75086	2,04007	2,62116
6	1,76489	2,05279	2,63139
7	1,77635	2,06332	2,64003
8	1,78594	2,07221	2,64760
9	1,79412	2,07984	2,65413
10	1,80121	2,08651	2,65991

[1)] Die Quadrate der k-Werte entsprechen den P(N,α)-Werten in Tabelle 1 bei O'Brien und Fleming für N=1,····,5. Die geringfügigen numerischen Unterschiede sind durch die unterschiedlichen Berechnungsverfahren (Simulation, numerische Integration) zu erklären.

Beispiel 3.10

Für ein Gesamtniveau von $2\alpha = 0{,}05$ ergibt sich bei $J=5$ Auswertungen ein Wert von $k=2{,}04007$. Damit erhält man für die 5 Auswertungen nach (3.67) die in Tabelle 3.13 angegebenen kritischen Werte $k^*(j)$ mit den zugehörigen Einzelsignifikanzniveaus $2\alpha^*$. Zum Vergleich sind noch die entsprechenden Werte für den gruppensequentiellen Plan nach Pocock angegeben.

Für andere Werte von J und 2α kann man $k^*(j)$ über Beziehung (3.67) mit den Werten von Tabelle 3.12 berechnen. Die zugehörigen Einzelsignifikanzniveaus sind aus Standardnormalverteilungstabellen abzulesen. Im Tabellenanhang ist dies für die hier benutzten Werte ($2\alpha=0{,}1$; $0{,}05$; $0{,}01$ und $J=1,\dots,10$) zusammengestellt worden.

Tabelle 3.13

Kritische Werte und Einzelsignifikanzniveaus der gruppensequentiellen Pläne nach Pocock und O'Brien, Fleming ($J=5$ Auswertungen, Gesamtsignifikanzniveau $2\alpha = 0{,}05$)

Auswertung j	O'Brien - Fleming $k^*(j)$	$2\alpha^*$	Pocock k	$2\alpha^*$
1	4,56173	0,00005	2,41317	0,01581
2	3,22563	0,00126	2,41317	0,01581
3	2,63372	0,00845	2,41317	0,01581
4	2,28087	0,02256	2,41317	0,01581
5	2,04007	0,04134	2,41317	0,01581

Die maximale Fallzahl N für den gruppensequentiellen Plan nach O'Brien, Fleming wird wie beim Verfahren nach Pocock durch Formel (3.60) berechnet. Der Parameter Δ wird wiederum durch numerische Integration für verschiedene α, ß und J berechnet.
Für α=0,1; 0,05 und 0,01 sowie ß=0,1; 0,05 und J=1 bis 10 ergeben sich die in Tabelle 3.14 aufgeführten Werte. Weitere Δ-Werte können dem Tabellenanhang entnommen werden.
Die durchschnittliche Fallzahl $E(N/H_1)$ wird wie beim Pocock-Plan aus der durchschnittlichen Testzahl $E(J/H_1)$ nach Formel (3.61) gebildet. Analog zur Tabelle 3.14 sind in Tabelle 3.15 die entsprechenden Werte für $E(J/H_1)$ angegeben. Weitere Werte sind wiederum dem Tabellenanhang zu entnehmen.

Tabelle 3.14

Gruppensequentieller Plan nach O'Brien-Fleming - Abstandsparameter Δ zur Berechnung der maximalen Fallzahl

$$N=J * \frac{\Delta^2 \cdot 2\sigma^2}{\delta^2}$$

α,ß / Testzahl J	2α = 0,1		2α = 0,05		2α = 0,01	
	ß=0,1	ß=0,05	ß=0,1	ß=0,05	ß=0,1	ß=0,05
1	2,9264	3,2897	3,2415	3,6048	3,8575	4,2207
2	2,0839	2,3415	2,3002	2,5575	2,7295	2,9864
3	1,7104	1,9214	1,8865	2,0970	2,2342	2,4442
4	1,4865	1,6695	1,6386	1,8212	1,9387	2,1208
5	1,3328	1,4967	1,4687	1,6322	1,7368	1,8997
6	1,2188	1,3687	1,3429	1,4923	1,5874	1,7363
7	1,1299	1,2688	1,2448	1,3832	1,4711	1,6090
8	1,0582	1,1881	1,1656	1,2952	1,3774	1,5063
9	0,9987	1,1212	1,0999	1,2220	1,2992	1,4208
10	0,9476	1,0641	1,0442	1,1600	1,2333	1,3486

Tabelle 3.15

Gruppensequentieller Plan nach O'Brien - Fleming.
Durchschnittliche Testzahl $E(J/H_1)$

α, ß / maxim. Testzahl	2α = 0,1		2α = 0,05		2α = 0,01	
	ß=0,1	ß=0,05	ß=0,1	ß=0,05	ß=0,1	ß=0,05
2	1,614	1,513	1,690	1,594	1,821	1,746
3	2,265	2,116	2,358	2,219	2,495	2,370
4	2,888	2,680	3,003	2,804	3,191	3,007
5	3,510	3,242	3,654	3,396	3,890	3,654
6	4,134	3,807	4,308	3,993	4,588	4,298
7	4,760	4,374	4,961	4,590	5,285	4,943
8	5,386	4,942	5,614	5,186	5,983	5,588
9	6,011	5,509	6,267	5,784	6,681	6,234
10	6,638	6,077	6,920	6,381	7,379	6,881

Beispiel 3.11

Berechnet man für das Standardbeispiel mit $\delta = \mu_0 - \mu_1 = 5$ $2\sigma^2 = 100$; $2\alpha = 0{,}05$ und $\beta = 0{,}05$ die maximale und durchschnittliche Fallzahl für den gruppensequentiellen Plan nach O'Brien, Fleming so ergeben sich die in Tabelle 3.16 aufgeführten Werte. Zum Vergleich sind noch einmal die entsprechenden Werte für den Pocock-Plan aus Tabelle 3.11 mitaufgeführt.

Tabelle 3.16

Gruppensequentielle Pläne nach O'Brien, Fleming und Pocock. Maximale und durchschnittliche Fallzahl für $\delta = 5$, $2\sigma^2 = 100$, $2\alpha = 0{,}05$, $\beta = 0{,}05$ in Abhängigkeit von der maximalen Testzahl J.

	O'Brien, Fleming		Pocock	
maximale Testzahl	maximale Fallzahl	durchschnittliche Fallzahl $E(N/H_1)$	maximale Fallzahl	durchschnittliche Fallzahl $E(N/H_1)$
2	53	42	57	41
3	53	40	60	34
4	54	38	61	33
5	54	37	62	32
6	54	36	63	31
7	54	36	64	31
8	54	35	65	31
9	54	35	65	30
10	54	35	66	30

Das Verfahren von O'Brien - Fleming benötigt maximal nur unwesentlich mehr Fälle als beim entsprechenden einmaligen Test mit fester Beobachtungszahl. Dafür liegt in diesem Beispiel die durchschnittliche Fallzahl $E(N/H_1)$ über der des Pocock-Plans. Ausführliche Vergleiche werden in Abschnitt 4.4 durchgeführt.

Verwendung von gruppensequentiellen Plänen bei Therapiestudien

Die gruppensequentiellen Pläne sind sehr gut geeignet, das Problem von Zwischenauswertungen und vorzeitigem Studienabbruch methodisch abzusichern, obwohl die Voraussetzungen, unter denen diese Pläne entwickelt wurden, in der Praxis meist nicht erfüllt sind.

So werden Zwischenauswertungen in der Regel in festen Zeitabständen durchgeführt und nicht in äquidistanten Gruppengrößen n, wie bei der Ableitung der gruppensequentiellen Pläne vorausgesetzt wurde. Durch Simulationen (Pocock 1977,1981, O'Brien-Fleming 1979) konnte jedoch gezeigt werden, daß die gruppensequentiellen Verfahren gegen Abweichungen von dieser Voraussetzung sehr robust sind [1]. Weiterhin konnte durch Simulationen gezeigt werden, daß bei normalverteilten Daten mit unbekannter Varianz und dem damit bedingten Übergang von der Normalverteilung zur t-Verteilung, die in diesem Kapitel abgeleiteten Werte für die Einzelsignifikanzniveaus α^* ihre Gültigkeit behalten, dagegen der ß-Fehler geringfügig ansteigt (Pocock 1977)[2].

Das auch Probleme wie multiple Vergleiche bei mehreren Zielvariablen oder Vergleichsgruppen oder Abweichungen von der Normalverteilung in das gruppensequentielle Design eingebunden werden können, zeigen die Ausführungen in Abschnitt 3.5 und 3.6. Da die gruppensequentiellen Pläne verhältnismäßig jüngeren Datums sind, liegen Veröffentlichungen über ihre Anwendung bisher kaum vor..

Bei der amerikanischen Betablocker-Herzinfarkt-Studie (Beta Blocker Heart Attack Study Group 1981), wurde das Verfahren von O'Brien-Fleming eingesetzt und aufgrund der Zwischenergebnisse die Studie vorzeitig abgebrochen. Bei den Studienprotokollen, die zur Zeit in der Bundesrepublik Deutschland für Therapiestudien, die vom Bundesministerium für Forschung und Technologie gefördert werden, entwickelt werden, kommen fast immer gruppensequentielle Verfahren zum Einsatz.

---

[1] Siehe auch Kapitel 5

[2] Vgl. auch Schneiderman, Armitage (1962b)

3.4 Testverfahren für Lebensdauerdaten

Lebensdauerdaten liegen immer dann vor, wenn die Zeit bis zum Eintreten eines bestimmten Ereignisses als Zielvariable betrachtet wird. Dies ist bei vielen Therapiestudien der Fall, wo Zielgrößen wie Remissionsdauer, Überlebenszeit, Zeit bis zum Eintreten eines Reinfarkts usw. eine große Rolle spielen. Nehmen wir an, wir haben in einer Studie zwei Gruppen j (j=1,2) miteinander zu vergleichen. Die Zielereignisse wie Tod, Remission, Herzinfarkt usw. werden zu n verschiedenen Zeitpunkten

$$0 < t_1 < \ldots\ldots < t_k \quad \ldots\ldots < t_n \qquad (3.68)$$

beobachtet.
Die Ergebnisse zu jedem Zeitpunkt t_k lassen sich in der folgenden Tabelle zusammenfassen (Tarone, 1981).

Tabelle 3.17

Lebensdauerdaten - Zielereignisse und Personen unter Risiko zum Zeitpunkt t_k

	Gruppe 1	Gruppe 2	Summe
Anzahl der Zielereignisse zum Zeitpunkt t_k	M_{1k}	M_{2k}	M_k
Anzahl der Personen unter Risiko	N_{1k}	N_{2k}	N_k

Dabei ist N_{jk} die Anzahl der Personen in Gruppe j, die zum Zeitpunkt t_k noch unter Beobachtung sind. Entsprechend ist M_{jk} die Anzahl der Zielereignisse zum Zeitpunkt t_k. Ein methodisch schwierig zu lösendes Problem ist die sogenannte Zensierung von Lebensdauerdaten (Hyde 1977; Lagakos 1979, Schumacher 1981), die insbesondere bei Therapiestudien anzutreffen ist. Das Problem der Zensierung läßt sich an der folgenden Abbildung erläutern.

Abbildung 3.6

Lebensdauerdaten - Zensierungszeitpunkt und Überlebenszeit

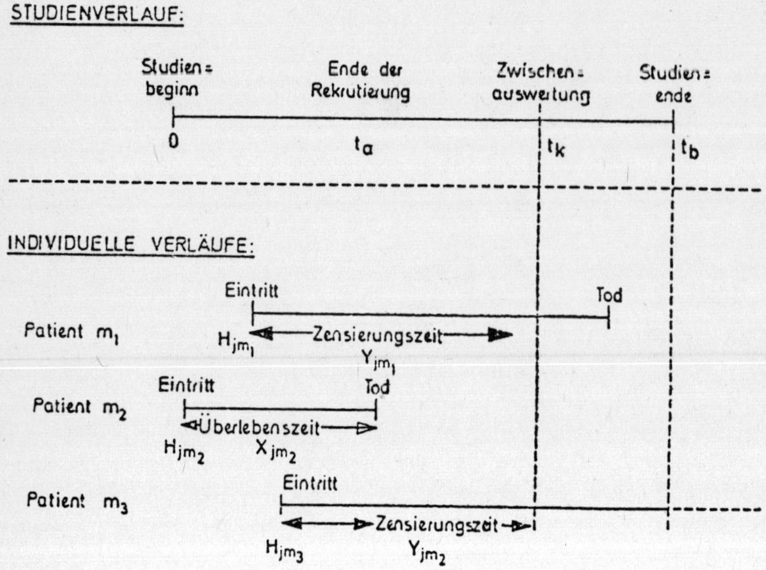

Die Rekrutierungsphase für die betrachtete Studie sei das Zeitintervall

$$\{0,t_a\} \tag{3.69}$$

$$0 < H_{jm} < t_a \tag{3.70}$$

sei der Eintrittszeitpunkt eines Patienten m in die Gruppe j. t_b sei der Zeitpunkt, an dem die Studie beendet werden soll. Für einen beliebigen Zeitpunkt t, $0 < t < t_b$, an dem eine Zwischenauswertung stattfinden soll, gibt es Patienten m, bei denen das Zielereignis eingetreten ist und damit die Überlebenszeit X_{jm} bekannt ist. Bei anderen Patienten ist das Zielereignis zum

Zeitpunkt noch nicht eingetreten. Bei diesen Patienten wird nur die sogenannte Zensierungszeit,

$$Y_{jm} = \max (0, t - H_{jm}) \qquad (3.71)$$

d.h. die Differenz zwischen Testzeitpunkt und Eintrittszeit H_{jm} gemessen. Von jedem Patienten ist deshalb nur die Zeit

$$Z_{jm} = \min (X_{jm}, Y_{jm}) \qquad (3.72)$$

zu beobachten.

Beispiel 3.11 (Berchtold, 1981)

In einer Studie über akute lymphatische Leukämie (ALL) werden die folgenden Überlebens- bzw. Zensierungszeiten von 14 Patienten gemessen (Zeitangaben in Monaten) 9 Patienten gehören zum Zelltyp Non-B/Non-T (Gruppe 1) und 5 Patienten zum Zelltyp T (Gruppe 2)

Abbildung 3.7

Lebensdauerdaten - Überlebens- und Zensierungszeiten von 14 ALL Patienten

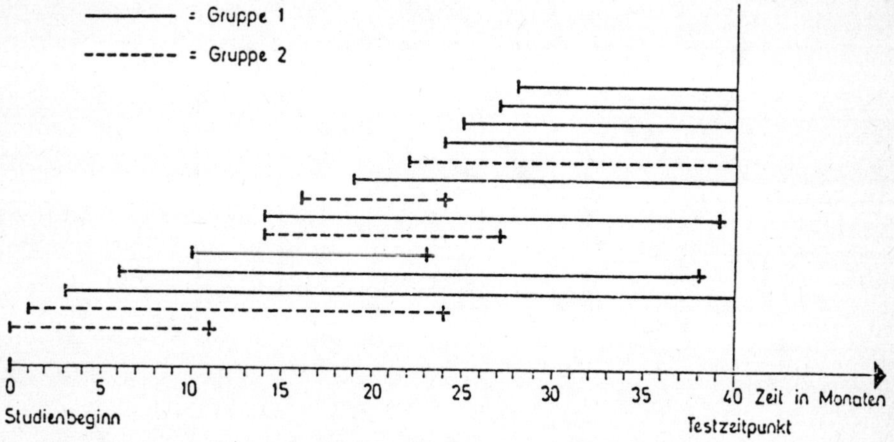

Die Ergebnisse in Abbildung 3.7 lassen sich folgendermaßen zusammenfassen (zensierte Daten sind durch ein "+" gekennzeichnet)

Tabelle 3.18

Lebensdauerdaten - Zensierungs- und Überlebenszeiten von 14 ALL-Patienten

Gruppe 1	12^+, 13, 13^+, 15^+, 16^+, 21^+, 25, 32, 37^+
Gruppe 2	8, 11, 13, 18^+, 23

In Analogie zur Tabelle 3.17 läßt sich aus den obigen Daten das folgende Schema aufbauen

Tabelle 3.19

Lebensdauerdaten - Zielereignisse (M_{jk}) und Patienten unter Risiko (N_{jk}) für 14 ALL Patienten

Zeitpunkt	Gruppe 1		Gruppe 2		Summe	
t_k	N_{1k}	M_{1k}	N_{2k}	M_{2k}	N_k	M_k
0	9	0	5	0	14	0
18	9	0	5	1	14	1
11	9	0	4	1	13	1
13	8	1	3	1	11	2
23	3	0	1	1	4	1
25	3	1	0	0	3	1
32	2	1	0	0	2	1
Summe	-	3	-	4	-	7

Die Überlebensfunktion $S_j(t)$ in einer Gruppe j ist definiert, als Wahrscheinlichkeit, daß die Überlebenszeit X_{jm} eines Patienten m größer als t ist, d.h.

$$S_j(t) = W\ (X_{jm} > t) \qquad (3.73)$$

$$j = 1,2$$

Getestet wird bei Überlebensdaten meistens die Nullhypothese, daß die Überlebensverteilungen gleich sind

$$H_o : S_1\ (t) = S_2\ (t) \qquad (3.74)$$

Die Alternativhypothese ist dann entsprechend

$$H_1 : S_1\ (t) \neq S_2\ (t) \qquad (3.75)$$

Analog zur Überlebensverteilung $S_j(t)$ kann man die Zensierungsverteilung $C_j(t)$ definieren

$$C_j(t) = W\ (Y_{jm} > t) \qquad (3.76)$$

Unter der Annahme der Unabhängigkeit von X_{jm} und Y_{jm} sind verschiedene Teststatistiken zur Überprüfung der Nullhypothese abgeleitet worden (Breslow 1978, Lagakos 1974). Die ersten Ansätze wurden unter der Annahme von exponentiellverteilten Überlebenszeiten entwickelt (Armitage 1959, Berchtold 1981, Kunz-Neiß 1981). Allgemein durchgesetzt haben sich jedoch inzwischen die parameterfreien Testverfahren (Lagakos-Williams 1978, Prentice 1978, Prentice - Marek 1979, Schoenfeld 1981, Tarone - Ware 1979).

Das bekannteste Testverfahren ist der Logrank-Test (Crowley 1974, 1979; Johnson-Mehrotra 1972, Mantel 1966, Muenz et al. 1977, Peto 1972, Peto-Peto 1972, Peto-Pike 1973, Peto et al. 1976, 1977, Tarone 1981)

$$A_{jk} = N_{jk} / N_k \qquad (3.77)$$

$$j = 1,2 \quad 0 < .. t_k \; .... < t_n$$

sei der relative Anteil der Gruppe j an der Gesamtzahl der Personen unter Risiko N_K zum Zeitpunkt t_k. Die erwartete Anzahl von Zielereignissen in Gruppe j zur Zeit t_k ist dann

$$E_{jk} = A_{jk} \cdot M_K \qquad (3.78)$$

Summiert man über alle Zeitpunkte, so erhält man mit

$$O_j = \sum_{k=1}^{n} M_{jk} \qquad (3.79)$$

und

$$E_j = \sum_{k=1}^{n} E_{jk} \qquad (3.80)$$

die Testgröße

$$T_1 = \sum_{j=1}^{2} (O_j - E_j)^2 / E_j \qquad (3.81)$$

des Logrank-Tests. Diese Testgröße ist asymptotisch χ^2 verteilt mit einem Freiheitsgrad.

Beispiel 3.12

Mit den Daten aus Tabelle 3.19 ergeben sich die folgenden Erwartungswerte E_{jk} (Formel 3.78)

Tabelle 3.20

Lebensdauerdaten - Zielereignisse (M_{jk}), Erwartungswerte (E_{jk}) und Personen unter Risiko (N_{jk}) für 14 ALL Patienten

Zeitpunkt	Gruppe 1			Gruppe 2			Summe	
t_k	N_{1k}	M_{1k}	E_{1k}	N_{2k}	M_{2k}	E_{2k}	N_K	M_K
0	9	0	0	5	0	0	14	0
8	9	0	0,643	5	1	0,357	14	1
11	9	0	0,692	4	1	0,308	13	1
13	8	1	1,455	3	1	0,545	11	2
23	3	0	0,750	1	1	0,250	4	1
25	3	1	1,000	0	0	0	3	1
32	2	1	1,000	0	0	0	2	1
Summe	-	3	5,540	-	4	1,460	-	7

Damit ergibt sich mit dem Logrank-Test eine Testgröße von

$$T_1 = (3-5,54)^2 / 5,54 + (4-1,46)^2 / 1,46 = 5,58$$

Das Ergebnis ist bei einem kritischem Wert von $\chi^2_{0,05} = 3,84$ auf dem 5% Niveau signifikant.

Eine Weiterentwicklung des Wilcoxon-Rangtests für zensierte Lebensdauerdaten ist der Gehan-Breslow Test (Breslow 1970, 1978, Gehan 1965a, b, Halperin 1960, Tarone 1981).

Die Testgröße ist dabei

$$T_2 = \sum_{j=1}^{2} W_j^2 / G_j \tag{3.82}$$

mit

$$W_j = \sum_{k=1}^{n} W_{jk} = \sum_{k=1}^{n} (N_k \cdot M_{jk} - N_{jk} \cdot M_k) \tag{3.83}$$

und

$$G_j = \sum_{k=1}^{n} G_{jk} = \sum_{k=1}^{n} \{ N_k \cdot M_k \cdot (N_k - M_K) \cdot N_{jk}/N_{K-1} \} \tag{3.84}$$

Die Testgröße T_2 ist ebenfalls asymptotisch χ^2 verteilt mit einem Freiheitsgrad

Beispiel 3.13

Mit den Daten aus Tabelle 3.19 ergeben sich die folgenden Werte W_{jk} und G_{jk} .

Tabelle 3.21

Lebensdauerdaten - Zielereignisse (M_{jk}), Personen unter Risiko (N_{jk}) und Kenngrößen für den Gehan-Breslow Test (W_{jk}, G_{jk}) von 14 ALL-Patienten.

Zeitpunkt	Gruppe 1				Gruppe 2				Summe	
t_k	N_{1k}	M_{1k}	W_{1k}	G_{1k}	N_{2k}	M_{2k}	W_{2k}	G_{2k}	N_k	M_K
O	9	O	O	O	5	O	O	O	14	O
8	9	O	-9	117	5	1	9	65	14	1
11	9	O	-9	100,3	4	1	9	44,6	13	1
13	8	1	-5	121,9	3	1	5	45,7	11	2
23	3	O	-3	3,3	1	1	3	1,1	4	1
25	3	1	O	4,5	O	O	O	O	3	1
32	2	1	O	1,3	O	O	O	O	2	1
Summe	-	3	-26	348,3	-	4	26	156,4	-	7

Damit ergibt sich mit dem Gehan-Breslow Test eine Testgröße von

$$T_2 = \frac{26^2}{348,3} + \frac{26^2}{156,4} = 6,26$$

Das Ergebnis ist ebenfalls auf dem 5% Niveau signifikant.

Fleming und Mitarbeiter (1980) haben für zensierte Lebensdauerdaten den Kolmogorov-Smirnov Test weiterentwickelt und folgende Testprozedur abgeleitet.

Es sei

$$\beta_{jk} = \beta_{j,k-1} + \sum_{i=o}^{M_{jk}-1} (N_{jk}-i)^{-1} \qquad (3.85)$$

$$\alpha_{jk} = \sum_{i=o}^{N_{jo} - N_{jk}-1} (N_{j,o} - i)^{-1} - \beta_{jk-1} \qquad (3.86)$$

$$\eta_k = \left(\sum_{j=1}^{2} \{N_{j,o} \exp(-\alpha_{jk})\}^{-1} \right)^{-1/2} \qquad (3.87)$$

$$U_k = U_{k-1} + \eta_k \left\{ \sum_{i=o}^{M_{1k}-1} (N_{1k} - i)^{-1} - \sum_{i=o}^{M_{2k}-1} (N_{2k-i})^{-1} \right\} \qquad (3.88)$$

und

$$V_k = \frac{1}{2} \left\{ \sum_{j=1}^{2} \exp(-\beta_{jk} \cdot U_k \right\} \qquad (3.89)$$

$j = 1,2 \qquad k = 1, \ldots n$

Die nicht definierten Anfangswerte in diesen Rekursionsformeln werden jeweils gleich Null gesetzt. Die Testgröße für den Test ist

$$T_3 = \max_k |V_k| \qquad (3.90)$$

Der p-Wert für den zweiseitigen Test ist approximativ

$$p = 2 \exp(- 2 T_3^2) \qquad (3.91)$$

Nähere Angaben können den Arbeiten von Barr (1973), Fleming et al. (1980) und Koziol-Byar (1975) entnommen werden.

Beispiel 3.14

Mit den Daten aus Tabelle 3.19 ergeben sich die folgenden Werte α_{jk}, β_{jk}, η_k, U_k und V_k

Tabelle 3.22

Lebensdauerdaten - Zielereignisse (M_{jk}), Personen unter Risiko (N_{jk}) und Kenngrößen für den modifizierten Kolmogorov-Smirnov Test (α_{jk}, β_{jk}, η_k, U_k, V_k)

Zeitpunkt	Gruppe 1				Gruppe 2								
t_k	N_{1k}	M_{1k}	β_{1k}	α_{1k}	N_{2k}	M_{2k}	β_{2k}	α_{2k}	N_K	M_K	η_k	U_k	V_k
0	9	0	0	0	5	0	0	0	14	0	1,793	0	0
8	9	0	0	0	5	1	0,200	0	14	1	1,793	-0,358	-0,326
11	9	0	0	0	4	1	0,450	0	13	1	1,793	-0,806	-0,660
13	8	1	0,125	0,111	3	1	0,783	0	11	2	1,756	-1,172	-0,785
23	3	0	0,125	0,871	1	1	1,783	0,500	4	1	1,296	-2,468	-1,297
25	3	1	0,458	0,871	0	0	1,783	0,500	3	1	1,296	-2,036	-0,815
32	2	1	0,998	0,871	0	0	1,783	0,500	2	1	1,296	-1,388	-0,373

Als Testgröße ergibt sich $T_3 = 1,297$ mit einem p Wert von ungefähr 0,07. Damit ist das Ergebnis mit diesem Test nicht signifikant.

Die Unterschiede zwischen den drei Testverfahren lassen sich folgendermaßen charakterisieren. Der Kolmogorov-Smirnow-Test benutzt die maximale Differenz zwischen den Überlebensfunktionen der beiden Gruppen zur Testentscheidung. Beim Logrank-Test werden die zeitlich später liegenden Ereignisse stärker gewichtet, beim Gehan-Wilcoxon Test ist es umgekehrt (Tarone, 1981). Auf Erweiterungen der hier vorgestellten Testverfahren z.B. mehr als zwei Gruppen, Berücksichtigung von Kovariablen soll hier nicht weiter eingegangen werden sondern auf die einschlägige Literatur verwiesen werden (Breslow 1974, 1975 , Cox 1972, Kalbfleisch 1974,1979,1980, Koziol-Reid 1979, Miller et al.1981).

Für den sequentiellen bzw. gruppensequentiellen Einsatz von verteilungsfreien Verfahren bzw. verteilte Daten liegen zwar methodische Entwicklungen vor (Alling 1963, Breslow 1969, Breslow-Haug 1972, Davis 1978, Halperin-Ware 1974, Jones-Whitehead 1979, Koziol-Petkau 1978, Louis 1977, Nagelkerke 1980, Whitehead-Jones 1979), die jedoch alle nur unter ganz speziellen Annahmen (z.B. Rekrutierung als Kohorte zu einem Zeitpunkt, Exponentialverteilung) zu analytischen Ableitungen der Teststatistik gelangen. Für die unterschiedlichen Gegebenheiten in der Praxis bezüglich Zensierung und Typ der Überlebensfunktion sind Vergleiche nur durch Simulationen auf dem Computer möglich. Für den Vergleich der verschiedenen Testverfahren beim einmaligen Testen gibt es mehrere Simulationsstudien (Fleming et al. 1979, Gail et al. 1979, Lee et al. 1975, Lininger et al. 1979). Das Problem von Zwischenauswertungen und vorzeitigem Studienabbruch bei zensierten Lebensdauerdaten wurde bisher nur von Taylor et al. (1980) in einem Simulationsansatz untersucht [1]. Für eine laufende Therapiestudie verglichen sie mehrere Teststrategien unter Verwendung des Logrank-Tests und unter konstanter Verteilungsannahme (Exponentialverteilung).

Die bisher noch nicht untersuchte Ausweitung auf mehrere Testverfahren und wechselnde Verteilungsannahmen wird in Kapitel 5 dargestellt.

---

[1] Nach Abschluß der eigenen Untersuchungen wurde von Joe et al. (1981) eine Simulationsstudie veröffentlicht, in der u.a. sequentielle Formen des Logrank und des Gehan-Breslow-Tests für sogenannte Lehmann Alternativen (Lehmann 1959) verglichen wurden. Der von Joe et al. (1981) beschriebene Ansatz ist jedoch mit dem in Kapitel 5 durchgeführten Modell (gruppensequentielles Vorgehen, verschiedene Verteilungsannahmen) nicht vergleichbar.

3.5 Multivariate Methoden und multiple Vergleiche

Gibt es in einer Studie drei oder mehr Behandlungsgruppen, könnte man einen globalen Signifikanztest z.B. einen F-Test bei der Varianzanalyse entsprechend den in 3.2 und 3.3 beschriebenen Methoden sequentiell bzw. gruppensequentiell anwenden (Pocock 1977, Siegmund 1978, 1980). Da im allgemeinen jedoch nur paarweise Vergleiche interessieren (z.B. Vergleiche mit einer Standardtherapie), kam man für jeden Zwei-Gruppen-Vergleich einen separaten sequentiellen oder gruppensequentiellen Plan benutzen. Entsprechendes gilt für den Fall mehrerer Zielvariablen. Diese multiplen Vergleiche führen natürlich wieder zu Änderungen des α und ß Fehlers. Der α-Fehler läßt sich zwar durch verschiedene Verfahren korrigieren (Abt 1981, Berchier 1981, Galabos 1977, Holm 1977, Hommel 1979, 1980, Koziol-Reid 1977, Miller 1981, Morgenstern 1980, Rüger 1978,1981, Sonnemann 1982), welche Auswirkungen dieses multiple Testen auf den ß-Fehler hat, ist eine noch zu untersuchende Fragestellung. Die Verknüpfung der Methoden für multiple Vergleiche in den oben zitierten Arbeiten mit den in dieser Arbeit entwickelten Verfahren für Zwischenauswertungen von Therapiestudien steht noch aus.

3.6 Sonstige Verfahren

Daß die bei den gruppensequentiellen Plänen für normalverteilte Daten gefundenen Signifikanzniveaus auch für nichtnormalverteilte Daten gelten, hat Pocock (1977) mit Hilfe von Simulationen nachgewiesen.

Bei der Analyse von Häufigkeitsdaten einer Vierfeldertafel mit dem gewöhnlichen χ^2 -Test sind die für normalverteilte Daten berechneten Einzelsignifikanzniveaus für Zwischenauswertungen auch für den mehrfach durchgeführten χ^2-Test gültig[1]. Bei Verwendung der Yates-Korrektur oder des exakten Fisher Tests war die Übereinstimmung nicht so gut.

---

1) Die kritischen χ^2- Werte entstehen durch Quadrierung der kritischen k-Werte der Tabellen 3.6 und 3.12

Bei der Schätzung der Fallzahl N für den gruppensequentiellen Vergleich zweier Gruppen, die bionomialverteilt sind mit den Anteilsparametern Θ_1 und Θ_2 wird die bekannte Normalverteilungs-approximation

$$\delta = \Theta_1 - \Theta_2 \tag{3.92}$$

und

$$\sigma^2 = 2\,\bar{\Theta}\,(1 - \bar{\Theta}) \tag{3.93}$$

mit $\bar{\Theta} = \frac{1}{2}\,(\Theta_1 + \Theta_2)$

benutzt. Anschließend kann das in Abschnitt 3.3 beschriebene Verfahren angewendet werden.

Für den Wilcoxon-Rangtest hat Pocock ebenfalls durch Simulationen gezeigt, daß man die folgende Normalverteilungsapproximation

$$k = \frac{|R - \frac{1}{2} \cdot n\,j\,(2 \cdot n \cdot j + 1)|}{n \cdot j\,(\frac{1}{6} \cdot n \cdot j + \frac{1}{12})^{\frac{1}{2}}} \tag{3.94}$$

(R = Rangsumme einer Gruppe)

bei einer Zwischenauswertung j mit den in Abschnitt 3.3 definierten kritischen k-Werten vergleichen kann.

Theoretische Arbeiten für den sequentiellen Einsatz bzw. gruppensequentiellen Einsatz von verteilungsfreien Verfahren (Lienert 1978) liegen inzwischen zwar vor (Krauth 1981), Sen (1978,1981)). Ob die Übertragung dieser Ansätze in die Praxis gelingt, muß erst die Zukunft zeigen.

Ausgeklammert in dieser Arbeit werden entscheidungstheoretische Ansätze, da ihre Darstellung den hier vorgegebenen Rahmen sprengen würde. Die Fülle der theoretischen Arbeiten auf diesem Gebiet (Anscombe (1963), Begg (1978), Begg - Metha (1979), Canner (1970), Chernoff (1965), Chernoff - Petkau (1981), Colton (1963,1965), Cornfield (1966 b, 1969,1976), Cornfield et al. (1969), Day (1969), Donner (1977), Flehinger-Louis (1981), Hayre (1979), Hoel et al. (1972,1976), Kalbfleisch (1978), Lachin (1981), Louis (1975,1977), Mendoza-Iglewicz (1977), Petkau (1978) Reynolds (1975),

Woodroffe (1979) steht im umgekehrten Verhältnis zu ihrer Anwendung. Bis heute ist es nämlich noch nicht gelungen, diese auf der Entscheidungstheorie beruhenden Ansätze den Wünschen und Forderungen der für Therapiestudien verantwortlichen Kliniker und Statistiker so anzugleichen, daß man sie in der Praxis einsetzen könnte (Armitage 1979b, Köpcke 1980).

4. Gemischte Strategien

4.1 Formale Ableitung

Die Schwierigkeiten, die bei der Anwendung der gruppensequentiellen Pläne von Pocock bzw. O'Brien-Fleming entstehen können und die den Ausschlag für die Entwicklung neuer gruppensequentieller Pläne gaben, lassen sich durch die folgende Situation veranschaulichen.
Angenommen, bei einer Studie habe man sich für J=5 Zwischenauswertungen nach dem Verfahren von Pocock mit dem Gesamtsignifikanzniveau $2\alpha = 0{,}05$ entschieden. Das Einzelsignifikanzniveau (vgl. Tabelle 3.13) mit einem Wert von $Z = 2{,}41317$ beträgt dann 0,01581. Es kann jetzt die Situation eintreten, daß sich beim Testen auf Unterschiede zwischen den Therapien ein z-Wert von 2,24 ergibt. Dieser z-Wert entspricht einem p-Wert von 0,025 (zweiseitiger Test). Mit solch einem z-Wert ließe sich bei keiner Zwischenauswertung und damit auch nicht bei der Endauswertung mit dem Pocock-Plan ein Unterschied erkennen. Hätte man statt des Pocock'schen Ansatzes den entsprechenden gruppensequentiellen Plan nach O'Brien-Fleming (vgl. Tabelle 3.13) gewählt, wäre bei Endauswertung mit dem kritischen Z-Wert von 2,04007 ein Unterschied erkannt worden. Bei allen Zwischenauswertungen wäre dieser Unterschied noch nicht signifikant gewesen. Eine vorzeitige Beendigung der Studie wäre damit nicht indiziert gewesen.

In dieser Situation entstand die Idee, durch eine Kombination der Sequentialpläne von Pocock und O'Brien-Fleming-den sogenannten gemischten Strategien-neue Verfahren zu entwickeln, die die oben geschilderte Situation besser meistern können.
Nach welchem Prinzip die gemischten Strategien entwickelt werden, läßt sich durch die folgende Abbildung veranschaulichen.

Abbildung 4.1

Einzelsignifikanzniveau bei den gruppensequentiellen Verfahren nach Pocock und O'Brien-Fleming und den gemischten Strategien

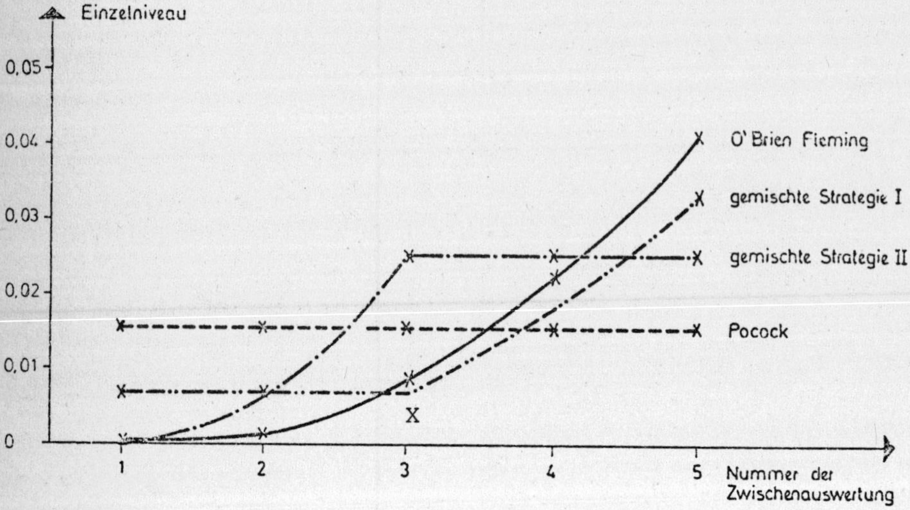

Bei der gemischten Strategie I bleibt das Signifikanzniveau während der ersten Hälfte der geplanten Zwischenauswertungen konstant, dann steigt es kontinuierlich an. Bei der gemischten Strategie II ist ist genau umgekehrt.

In der Analogie zum Abschnitt 3.3 sollen wieder zwei Meßwertreihen x_{oi} (i=1, ..., N) und x_{1i} (i=1, ...,N), die normalverteilt sind mit dem Mittelwert μ_o bzw. μ_1 und der Varianz σ^2, miteinander verglichen werden. Insgesamt sollen J Auswertungen mit jeweils n Patienten in jeder Gruppe stattfinden, so daß die Gesamtzahl der Patienten pro Gruppe

$$N = J \cdot n \qquad (4.1)$$

beträgt.

Analog zu den Beziehungen (3.58), (3.65)- (3.67) wird bei einer Zwischenauswertung j die Alternativhypothese angenommen, wenn

$$|Y_j| = \left|\sum_{i=1}^{j.n} (x_{oi} - x_{1i})\right| > k_{(j)} \cdot \sqrt{2\sigma^2 . n} \cdot \sqrt{j} \qquad (4.2)$$

$$j=1,...J$$

gilt.

Beim gruppensequentiellen Plan nach Pocock war

$$k_{(j)} = k = \text{const.} \qquad j = 1,...,J \qquad (4.3)$$

Beim Verfahren nach O'Brien-Fleming (vgl. 3.67) galt

$$k_{(j)} = \frac{k \cdot \sqrt{J}}{\sqrt{j}} \qquad j = 1,...,J \qquad (4.4)$$

Bei der gemischten Strategie I soll gelten

$$k_{(j)} = k_1 = \text{const.} \qquad j = 1,...,m \qquad (4.5)$$

$$k_{(j)} = \frac{k_1^* \cdot \sqrt{J}}{\sqrt{j}} \qquad j = m,...,J \qquad (4.6)$$

mit den Nebenbedingungen

$$m = \{J/2\}^{1)} \qquad (4.7)$$

und

$$k_1 = \frac{k_1^* \cdot \sqrt{J}}{\sqrt{m}} \qquad (4.8)$$

Die letzte Bedingung (4.8) ist gleichbedeutend mit der Forderung, daß k (m) sowohl nach Definition (4.5) als nach Definition (4.6) berechnet werden kann.

---

1) m = {J/2} heißt, daß m die kleinste ganze Zahl ist, die größer oder gleich J/2 ist.

Bei der gemischten Strategie II gilt in Analogie

$$k(j) = \frac{k_2^* \cdot \sqrt{J}}{\sqrt{j}} \qquad j = 1, \ldots, m \qquad (4.9)$$

$$k(j) = k_2 = \text{const.} \qquad j = m, \ldots, J \qquad (4.10)$$

mit den Nebenbedingungen

$$m = \{J/2\} \qquad (4.11)$$

und

$$k_2 = \frac{k_2^* \sqrt{J}}{\sqrt{m}} \qquad (4.12)$$

Die Konstanten k_1 und k_2 können mit Hilfe des im nächsten Abschnitt beschriebenen Verfahrens für verschiedene J und α berechnet werden. Für die maximale und durchschnittliche Fallzahl N und $E(N/H_1)$ gelten die Beziehung (3.60) und (3.61)

$$N = J \cdot n = J \cdot \frac{\Delta^2 \cdot 2\sigma^2}{\delta^2} \qquad (4.13)$$

und $$E(N/H_1) = E(J/H_1) \cdot \frac{\Delta^2 \cdot 2\sigma^2}{\delta^2} \qquad (4.14)$$

Wobei der Abstandsparameter Δ und die durchschnittliche Testzahl $E(J/H_1)$ nach den Verfahren im nächsten Abschnitt berechnet werden können.

4.2 Praktische Berechnung

Das Verfahren zur Berechnung der Kenngrößen von gruppensequentiellen Verfahren ist in verschiedenen Varianten von Armitage et al. (1969), Aroian (1968), DeMets-Ware (1980), Fairbanks-Madsen (1982), Pasternack-Shore (1980), Pocock (1982) und Samuelsen (1948) beschrieben worden und beruht auf dem Prinzip der Faltung von Normalverteilungen (Feller, 1969).

Ohne Beschränkung der Allgemeinheit seien die Größen x_{o1} und x_{1i} in Formel (4.2) standardnormalverteilt. Die Nullhypothese H_o bei den wiederholten Tests lautet:

$$H_o : \mu_o = \mu_1 \qquad j=1, \ldots J \tag{4.15}$$

und die Alternativhypothese

$$H_1 : \mu_o \quad \mu_1 \tag{4.16}$$

Die Alternativhypothese H_1 wird angenommen wenn bei einer Zwischenauswertung j

$$\left|y_j\right| = \sum_{i=1}^{j \cdot n} \left|x_{oi} - x_{1i}\right| > k(j) \cdot \sqrt{j} = s_j \tag{4.17}$$

gilt.

Mit $f_j\ (y_j)$ bezeichnet man die Dichtefunktion der Testgröße y_j. Dann gilt für diese Dichtefunktion die folgende Rekursionsformel

$$f_j\ (y_j) = \int_{-s_{j-1}}^{s_{j-1}} f_{j-1}\ (u) \cdot \frac{1}{\sqrt{2\pi}}\ e^{-\{\frac{1}{2}\ (y_j - u)^2\}}\ du \tag{4.18}$$

$$-\ s_j < y_j < s_j$$

$$j = 2, \ldots, J$$

mit $f_1\ (Y_1)$ als Dichtefunktion der Standardnormalverteilung, d.h.

$$f_1\ (Y_1) = \frac{1}{\sqrt{2\pi}}\ e^{-\frac{1}{2}\ Y_1^2} \tag{4.19}$$

Die Wahrscheinlichkeit P_j, die Alternativhypothese H_1 bei einer Zwischenauswertung j oder vorher anzunehmen, ist dann

$$P_j = 1 - \int_{-s_j}^{s_j} f_j\ (u)\ du \tag{4.20}$$

Die durch (4.18) - (4.20) definierten Integralgleichungen sind analytisch nicht mehr lösbar, sondern sind nur rekursiv durch numerische Integration auf einem Computer für gegebene Werte s_j zu bestimmten. Das Gesamtsignifikanzniveau 2α, d.h. die Gesamtwahrscheinlichkeit insgesamt bei allen Auswertungen die Alternativhypothese H_1 anzunehmen, obwohl die Nullhypothese gilt, ist

$$P_J = 2\alpha \qquad (4.21)$$

Für die Standardgrößen $2\alpha = 0{,}1$; 0,05 und 0,01 und die Berechnungen für

$$s_j = k(j) \cdot \sqrt{j} \quad j=1, \ldots, J \qquad (4.22)$$

bei den verschiedenen gruppensequentiellen Plänen[1] kann man nun in einem Iterationsprozeß die Größen $k(j)$ bestimmen. Die zugehörigen Einzelsignifikanzniveaus kann man dann anschließend für jedes $k(j)$ einer Standardnormalverteilungstabelle entnehmen.

Zur Bestimmung der maximalen Fallzahl wird angenommen, daß die Differenzen $x_{o1}-x_{1i}$ in Formel (4.2) normalverteilt sind mit Mittelwert Δ und Varianz 1. In Analogie zu Formel (4.17) ist Δ so zu bestimmen, daß die Wahrscheinlichkeit nach J Auswertungen die Nullhypothese beizubehalten einen vorgegebenen Wert ß für den Fehler II. Art nicht überschreitet, d.h. es muß gelten

$$W\left\{ |Y_j| \leq s_j \quad j = 1, \ldots J \right\} = \beta \qquad (4.23)$$

In Analogie zu den Beziehungen (4.18) bis (4.20) gilt für die Dichtefunktion von Y_j :

$$f_j(Y_j) = \int_{-s_{j-1}}^{s_{j-1}} f_{j-1}(u) \cdot \frac{1}{\sqrt{2\pi}} \cdot e^{-\frac{1}{2}(Y_j - \Delta - u)^2} \cdot du \qquad (4.24)$$

$$-s_j < Y_j < s_j$$

$$j=2, \ldots, J$$

---

1) vgl. Abschnitt 3.3 und 4.1

mit f_1 (y_1) als Dichtefunktion der Normalverteilung mit Mittelwert Δ und Varianz 1

$$f_1 (y_1) = \frac{1}{\sqrt{2\pi}} \quad e^{-\frac{1}{2}(y_1 - \Delta)^2} \tag{4.25}$$

Damit gilt

$$\beta = \int_{-s_J}^{+s_J} f_J (u)\, du \tag{4.26}$$

Die maximale Fallzahl N für einen gruppensequentiellen Plan mit J Auswertungen kann man dann mit dem nach den Beziehungen (4.23) - (4.26) berechneten Δ durch die Formel (3.60)

$$N = J * \frac{\Delta^2 . 2\sigma^2}{\delta^2} \tag{4.27}$$

mit σ^2 als Varianz der Beobachtungswerte und $\delta = \mu_o - \mu_1$ als angenommene Differenz zwischen den Behandlungsgruppen errechnen. Die durchschnittliche Testzahl $E(J/H_1)$ wird folgendermaßen berechnet:

Für ein gegebenes Δ sei p_j^* die Wahrscheinlichkeit genau in der Zwischenauswertung j die Alternativhypothese anzunehmen, d.h.

$$p_1^* = W\ (y_1 > s_1\ ) \text{ und}$$
$$p_j^* = W\ (y_j > s_j \quad \text{und } y_k < s_k,\ k=1, \ldots j-1 \tag{4.28}$$
$$j=2, \ldots J$$

Dann ist die durchschnittliche Testzahl

$$E(J/H_1) = J - \sum_{k=1}^{J-1} (J-k) * p_k^* \tag{4.29}$$

Die p_k^* werden entsprechend den Formeln (4.24)-(4.26) durch numerische Integration bestimmt. Aus der durchschnittlichen Testzahl $E(J/H_1)$, kann man dann nach Beziehung (3.61) die durchschnittliche Fallzahl $E(N/H_1)$ berechnen:

$$E(N/H_1) = E(J/H_1) \ . \ \frac{\Delta^2 . 2\sigma^2}{\delta^2} \tag{4.30}$$

Für alle vier gruppensequentiellen Pläne (Pocock, O'Brien-Fleming, gemischte Strategie I und II) wurden alle Kenngrößen - $k(j)$, Δ, N, $E(J/H_1)$ und $E(N/H_1)$ - neu berechnet und zwar für J=3, ...,10 Zwischenauswertungen[1] für 2α = 0,1; 0,05; 0,01 und für ß = 0,5; 0,4; 0,3; 0,25; 0,2; 0,1; 0,05; 0,01[2].

Die Berechnungen erfolgten auf einer Siemens 7760 mit einem eigenen FORTRAN Programm. Für die numerische Integration wurde ein Unterprogramm der NAG-Unterprogrammbibliothek (Numerical Algorithms Group, 1980) benutzt.

Die Beschränkung auf maximal 10 Zwischenauswertungen erfolgte aus folgenden Gründen: Die durchschnittliche Fallzahl $E(N/H_1)$ läßt sich bei mehr als 10 Auswertungen kaum noch senken (Pocock 1977, Tabelle 3.11 und 3.16). Dagegen steigt die maximale Fallzahl N insbesondere beim Pocock Plan für größere Zahlen von Zwischenauswertungen noch an. Therapiestudien mit einer Laufzeit von mehr als 5 Jahren sind selten, so daß mit den in der Praxis üblichen halbjährlichen oder jährlichen Zwischenauswertungen die obere Grenze von J=10 Auswertungen nicht überschritten wird (Pocock 1982, McPherson 1982). Außerdem steigt der Zeitbedarf zur Berechnung der Kenngrößen für $J > 10$ Auswertungen auf dem Computer exzessiv an, so daß auf die Berechnungen verzichtet wurde.

4.3 Ergebnisse

In Tabelle 4.1 sind für 2α = 0,05 und J = 5 bzw. 7 die Werte der Konstanten k und die zugehörigen Einzelsignifikanzniveaus enthalten. Aus dieser Tabelle ist zu erkennen, daß das in Abschnitt 4.1 genannte Problem, einen "mittleren" Unterschied, der sich z.B. in einem z-Wert von 2,24 ausdrückt, frühzeitig zu erkennen, durch die gemischte Strategie II für J=5 Auswertungen bei der dritten Zwischenauswertung erreicht wird.

---

[1] Für J=2 sind die gemischten Strategien nicht definiert.
[2] siehe Tabellenanhang

Tabelle 4.1

Gruppensequentielle Pläne - Gemischte Stratgie I und II - Werte der Konstanten k und zugehörige Einzelsignifikanzniveaus (J=5,7 Auswertungen und Gesamtniveau 2α = 0,05)

Test-Nr. j	Gemischte Strategie I		Gemischte Strategie II	
	J = 5	J = 7	J = 5	J = 7
1	2,71192 0,00669	2,81009 0,00495	3,87518 0,00011	4,57059 0,000005
2	2,71192 0,00669	2,81009 0,00495	2,74017 0,00614	3,23189 0,00123
3	2,71192 0,00669	2,81009 0,00495	2,23734 0,02526	2,63883 0,00832
4	2,34859 0,01885	2,81009 0,00495	2,23734 0,02526	2,28529 0,02230
5	2,10064 0,03567	2,51342 0,01196	2,23734 0,02526	2,28529 0,02230
6		2,29443 0,02177		2,28529 0,02230
7		2,12423 0,03365		2,28529 0,02230

Abbildung 4.2

Gruppensequentielle Pläne - Gemischte Strategie I und II ($J=5$ Auswertungen, $2\alpha = 0{,}05$) k-Wert der Standardnormalverteilung in Abhängigkeit von der Nummer der Auswertung

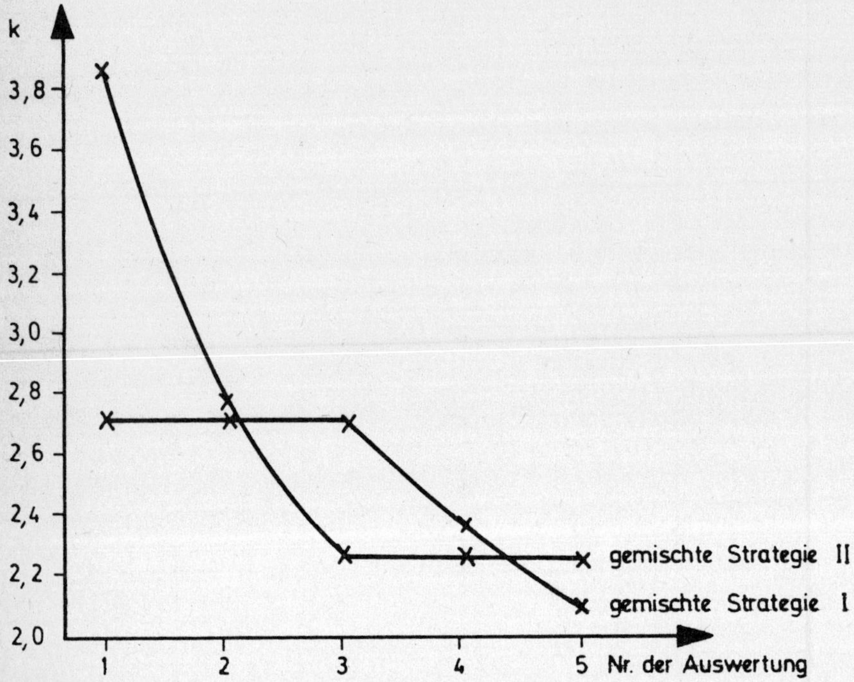

Die Eigenschaften der beiden gemischten Strategien sind nocheinmal graphisch in Abbildung 4.2 verdeutlicht.
Tabelle 4.2 enthält für $2\alpha = 0{,}05$ und $\beta = 0{,}1$ bzw. $0{,}05$ die Werte der Abstandsparameter Δ zur Bestimmung der maximalen Fallzahl. Aus der Tabelle sowie den zusätzlichen Tabellen im Anhang wird ersichtlich, daß die maximale Fallzahl N bei der gemischten Strategie II bei jedem β und α über der entsprechenden Zahl bei der Strategie I liegt.
Im Gegensatz zur maximalen Fallzahl N ist die durchschnittliche Testzahl $E(J/H_1)$ der Strategie II bei fast allen Parameterkonstellationen niedriger als bei der Strategie I.

Tabelle 4.2

Gruppensequentielle Pläne - Gemischte Strategie I und II - Abstandsparameter Δ zur Bestimmung der maximalen Fallzahl $N=J \cdot \frac{\Delta^2 \; 2\sigma^2}{\delta^2}$ für $2\alpha = 0{,}05$ und $\beta = 0{,}1;\ 0{,}05$.

Zahl der Tests J	Gemischte Strategie I ß=0,1	ß=0,05	Gemischte Strategie II ß=0,1	ß=0,05
3	1,9149	2,1260	1,9415	2,1543
4	1,6464	1,8291	1,6690	1,8548
5	1,4916	1,6556	1,5235	1,6895
6	1,3527	1,5023	1,4080	1,5602
7	1,2647	1,4035	1,2964	1,4372
8	1,1761	1,3060	1,2235	1,3558
9	1,1180	1,2406	1,1482	1,2728
10	1,0550	1,1712	1,0970	1,2152

Tabelle 4.3

Gruppensequentielle Pläne - Gemischte Strategie I und II Durchschnittliche Testzahl $E(J/H_1)$

Zahl der Tests J	Gemischte Strategie I ß=0,1	ß=0,05	Gemischte Strategie II ß=0,1	ß=0,05
3	2,135	1,953	2,141	1,998
4	2,888	2,657	2,551	2,341
5	3,350	3,034	3,236	2,975
6	4,104	3,740	3,671	3,342
7	4,568	4,120	4,336	3,955
8	5,323	4,828	4,772	4,323
9	5,785	5,207	5,436	4,937
10	6,542	5,916	5,871	5,307

Beispiel 4.1

Für $\delta = 5$, $2 \cdot \sigma^2 = 100$, $2\alpha = 0{,}05$ und $\beta = 0{,}05$ ergeben sich mit Hilfe der Tabellenwerte (4.2) und (4.3) und der Formeln

$N = J \cdot \frac{\Delta^2 \cdot 2\sigma^2}{\delta^2}$ und $E(N/H_1) = E(J/H_1) \cdot \frac{\Delta^2 \cdot 2\sigma^2}{\delta^2}$ die folgenden

Werte für die gemischten Strategien I und II.

Tabelle 4.4

Gruppensequentielle Pläne - Gemischte Strategien I und II
Maximale und durchschnittliche Fallzahl für $\delta=5$, $2\sigma^2 = 100$, $2\alpha = 0{,}05$ und $\beta = 0{,}05$ in Abhängigkeit von der maximalen Testzahl

maximale Testzahl J	Gemischte Strategie I maximale Fallzahl N	durchschnittliche Fallzahl $E(N/H_1)$	Gemischte Strategie II maximale Fallzahl N	durchschnittl. Fallzahl $E(N/H_1)$
3	55	36	56	37
4	54	36	55	33
5	55	34	57	34
6	55	34	59	33
7	56	33	58	33
8	55	33	59	32
9	56	32	59	32
10	55	33	59	32

Strategie II liegt in diesem Beispiel mit der durchschnittlichen Fallzahl geringfügig unter Strategie I; dafür benötigt Strategie II etwas mehr Fälle.

Die durchschnittliche Fallzahl $E(N/H_1)$ als Gütekriterium für einen gruppensequentiellen Plan berechnet sich nach der Formel (4.14) als $E(N/H_1) = E(J/H_1)\ \frac{\Delta^2 \cdot 2\sigma^2}{\delta^2}$. Da sich $E(J/H_1)$ und Δ bei den gemischten Strategien I und II entgegengesetzt verhalten, ergibt sich bei der durchschnittlichen Fallzahl kein einheitliches Ergebnis. Aus den Tabellen im Anhang und der folgenden Abbildung ist zu entnehmen, daß im allgemeinen Strategie I und II ungefähr gleiche Ergebnisse liefern, daß aber bei einem kleinen ß und α Strategie II das bessere Verfahren darstellt. Dies wird auch deutlich wenn man für das Standardbeispiel die entsprechenden Kenngrößen berechnet.

Abbildung 4.3

Gruppensequentielle Pläne - Gemischte Strategie I und II - Durchschnittliche Fallzahl $E(N/H_1)$ in Abhängigkeit von ß (J=10)

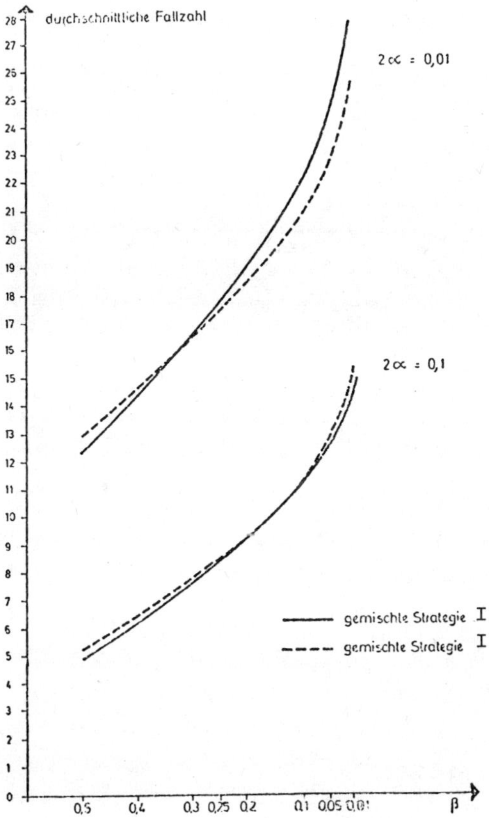

4.4 Vergleich mit den bisherigen Verfahren

Da die gemischten Strategien insgesamt in etwa vergleichbare Ergebnisse erbracht haben und auch aus Gründen der Übersichtlichkeit bei graphischen Darstellungen, werden die nun folgenden Vergleiche mit den gruppensequentiellen Plänen von Pocock und O'Brien-Fleming meistens nur mit der gemischten Stratgie II durchgeführt.

Abbildung 4.4 zeigt noch einmal am Beispiel von J=5 Zwischenauswertungen wie sich bei einem Signifikanzniveau von $2\alpha = 0{,}05$ die Einzelniveaus der vier gruppensequentiellen Verfahren unterscheiden.

Abbildung 4.4

Vergleiche der gruppensequentiellen Pläne - Einzelsignifikanzniveau bei J=5 Auswertungen ($2\alpha = 0{,}05$)

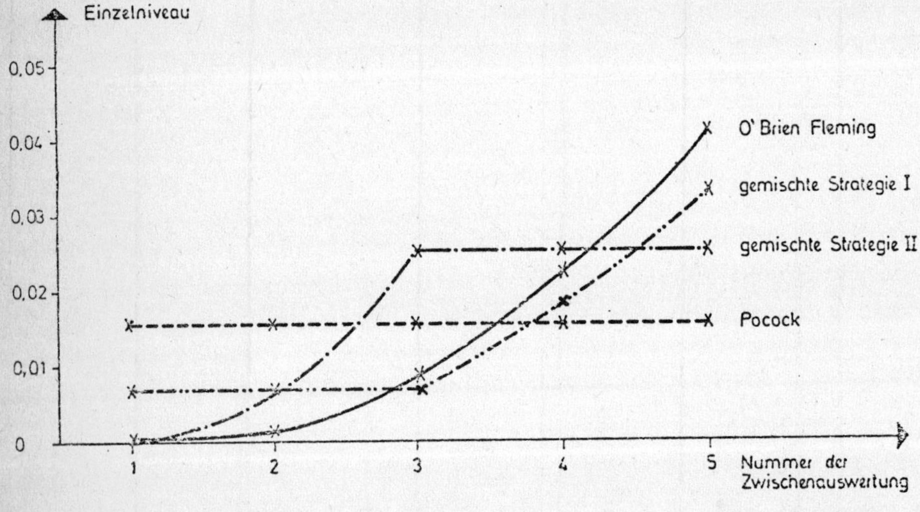

Aus der Abbildung wird deutlich, daß es mit dem Verfahren von Pocock schwieriger ist, bei den Auswertungen 4 und 5 einen Unterschied nachzuweisen, während die gemischten Strategien und das Verfahren von O'Brien-Fleming bei den ersten beiden Auswertungen deutlich hinter dem Pocock-Plan liegen.

Der Nachteil des gruppensequentiellen Plans nach Pocock besteht darin, daß in Abhängigkeit von ß die maximale Fallzahl N doch erheblich ansteigt. Dies wird in der folgenden Abbildung 4.5 deutlich [1]. Während sich bei diesem die maximale Fallzahl beim gruppensequentiellen Plan von O'Brien-Fleming gegenüber dem einmaligen Testen nur um maximal 4,6% und bei der gemischten Strategie II um 7,8 % erhöht, benötigt man beim Pocock'schen Verfahren gleich 38% mehr Probanden.

Beim Hauptkriterium für die Güte eines sequentiellen Verfahrens der durchschnittlichen Fallzahl $E(N/H_1)$ ist die Situation etwas differenzierter, wie in Abbildung 4.6 zu sehen ist. Zwar ist für ß=0,05 das Verfahren von Pocock mit einer Einsparung von ca. 42% gegenüber dem einmaligen Test die beste Methode gegenüber der gemischten Strategie mit ca. 38% und dem Plan nach O'Brien-Fleming mit ca. 34% Einsparung. Doch bei einem ß von 0,25 ist der Pocock'sche Plan mit 15 % Einsparung, dem Verfahren von O'Brien-Fleming mit 18 % und der gemischten Strategie mit 19 % unterlegen. Dieselbe Situation ist bei ß=0,5 zu beobachten, nur daß das Verfahren von O'Brien-Fleming der gemischten Strategie geringfügig überlegen ist.

Damit wird deutlich, daß keines der vier Verfahren für alle ß bezüglich der durchschnittlichen Fallzahl $E(N/H_1)$ als beste Methode bezeichnet werden kann. Dies wird noch einmal in der folgenden Abbildung 4.7 verdeutlicht, in der für J=10 Auswertungen [2] gezeigt wird, wie sich in Abhängigkeit vom Fehler II. Art ß das Verfahren von O'Brien-Fleming und die gemischte Strategie II in Relation zum gruppensequentiellen Plan von Pocock - jeweils als 100% gesetzt - verhalten.

---

[1] Die Schwankungen bei der gemischten Strategie sind auf die etwas unterschiedliche Konstruktion bei Zwischenauswertungen mit gerader und ungerader Zahl zurückzuführen.

[2] Bei anderen Werten von J ergibt sich ein analoges Bild.

Abbildung 4.5

Vergleich der gruppensequentiellen Pläne - Maximale Fallzahl in Abhängigkeit von der Testzahl (2α = 0,05, ß = 0,5; 0,25; 0,05)

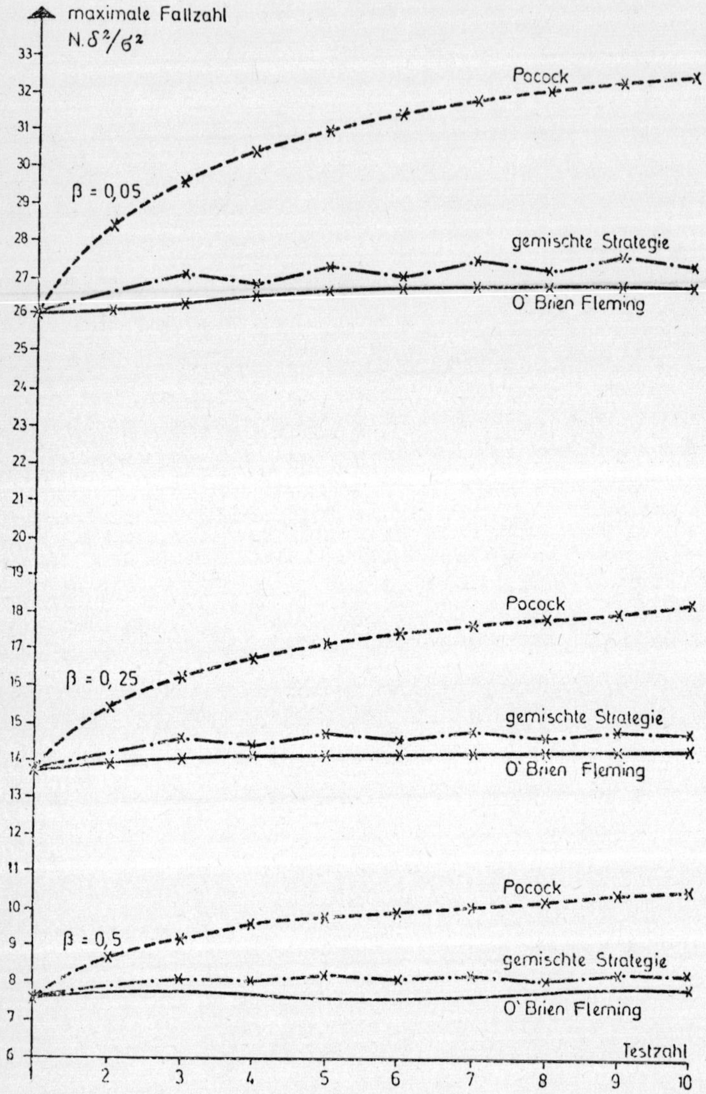

Abbildung 4.6

Vergleich der gruppensequentiellen Pläne - durchschnittliche Fallzahl $E(N/H_1)$ in Abhängigkeit von der Testzahl (2α = 0,05, ß = 0,05; 0,25; 0,05)

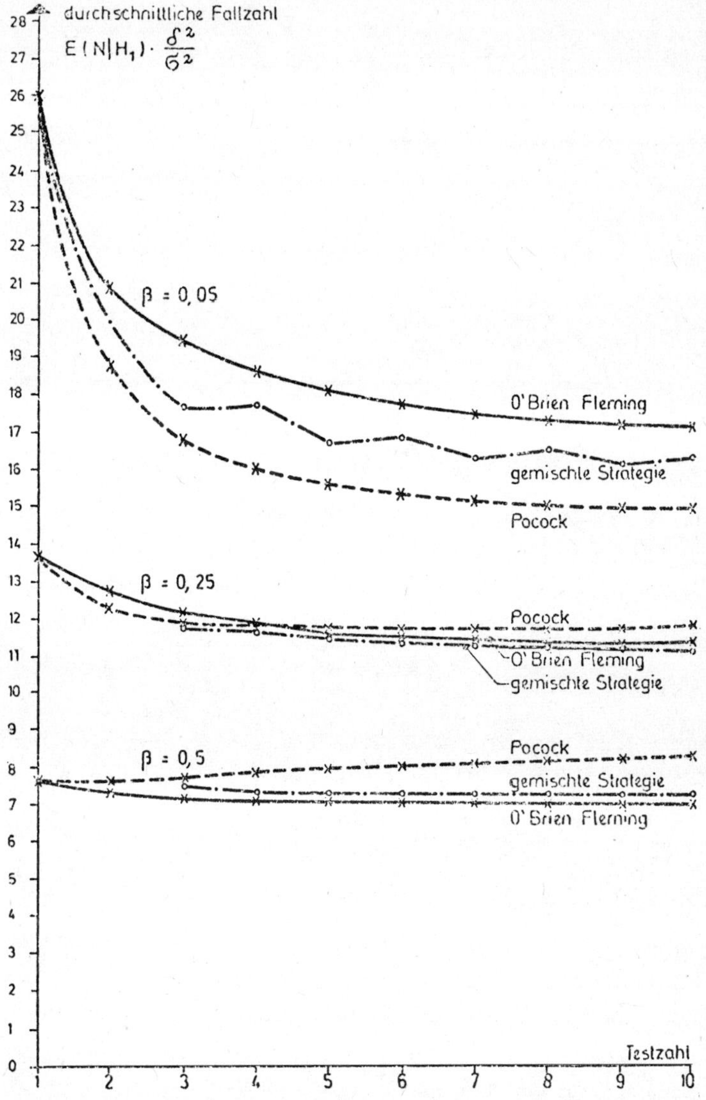

Abbildung 4.7

Vergleich der gruppensequentiellen Pläne - durchschnittliche Fallzahl $E(N/H_1)$ in Abhängigkeit von ß relativ zum Verfahren von Pocock (2α = 0,05, J = 10)

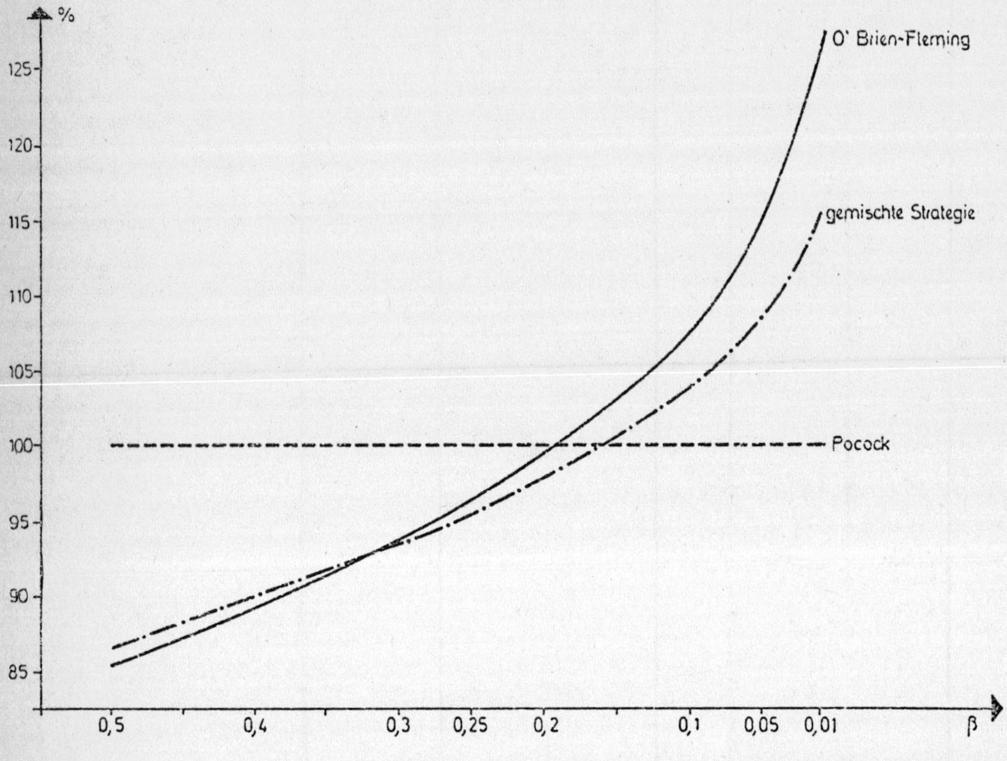

Aus der Abbildung ergibt sich, daß bezüglich der durchschnittlichen Fallzahl $E(N/H_1)$ für hohe ß von 0,5 und 0,4 das Verfahren von O'Brien-Fleming, für mittlere ß von 0,35 bis 0,15 die gemischten Strategien und für sehr kleine ß von 0,1 bis 0,01 der Pocock'sche Plan am günstigsten ist.

In der Praxis wird zwar häufig bei Durchführung von Zwischenauswertungen das Einzelsignifikanzniveau z.B. nach Pocock oder O'Brien-Fleming angepaßt, die notwendige Fallzahlerhöhung zum Erreichen der gleichen Testsicherheit wird jedoch oft nicht vorgenommen. Dies bedeutet natürlich eine Erhöhung des ß-Fehler bzw. ein Absinken der Testsicherheit (1-ß). Wie sich bei J=5 Auswertungen mit dem Gesamtsignifikanzniveau 2α = 0,05 dieses Vorgehen auswirkt, zeigt die folgende Abbildung 4.8.

Abbildung 4.8

Vergleich der gruppensequentiellen Pläne - Veränderung des ß-Fehlers beim Testen mit konstanter Fallzahl (J=5 Auswertungen, 2α = 0,05)

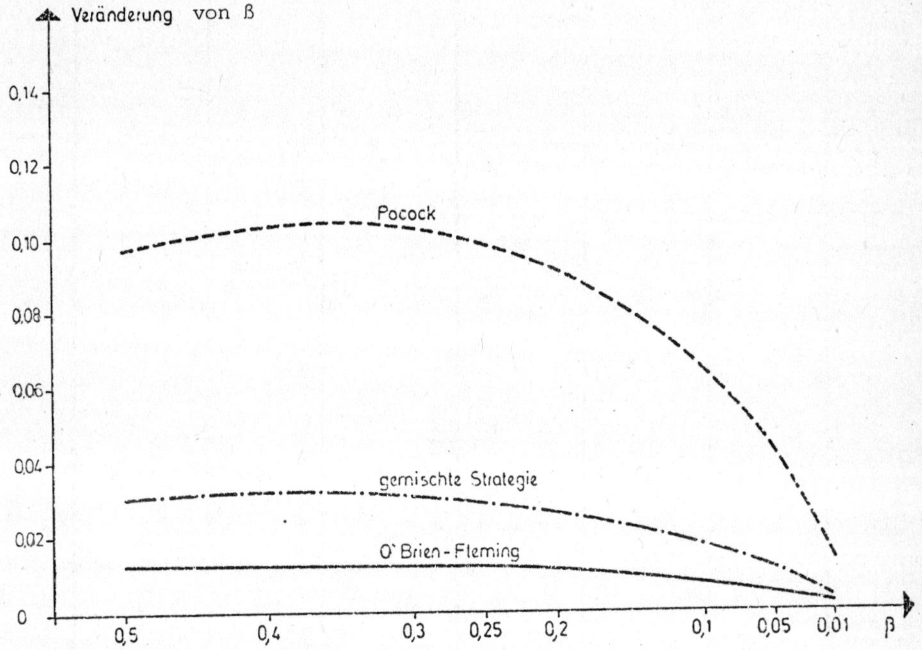

Während sich die Abweichungen beim Verfahren von O'Brien-Fleming und bei den gemischten Strategien in Grenzen halten, sind die Veränderungen beim gruppensequentiellen Plan nach Pocock (z.B. von ß=0,3 auf ß=0,4) doch erheblich.

Insgesamt gesehen sind die gemischten Strategien für Zwischenauswertungen von Therapiestudien sehr gut geeignet. Im Bereich von ß=0,35 bis ß=0,15 sind sie den bisherigen Verfahren überlegen. In den anderen Bereichen liegen sie mit ihren Parametern zwischen den Verfahren von O'Brien-Fleming und Pocock. Der gruppensequentielle Plan nach Pocock sollte dann eingesetzt werden, wenn die für ein kleines ß und dieses Verfahren benötigten sehr hohen Fallzahlen in einer Therapiestudie problemlos zu realisieren sind. Da dies in der Praxis nur selten zu erreichen ist,

ist auch bei einem kleinen ß eine gemischte Strategie gut geeignet. Das Verfahren von O'Brien-Fleming ist nur für ß=0,5 und 0,4 den anderen Verfahren überlegen.
Da die gemischten Strategien sich aber in diesem Bereich von ß nur unwesentlich schlechtere Eigenschaften gezeigt haben und außerdem beim Verfahren von O'Brien-Fleming durch die am Anfang extremen Signifikanzschranken die ersten Zwischenauswertungen zu einer "Pseudotestprozedur" entarten, bietet das Verfahren von O'Brien-Fleming kaum Vorteile gegenüber den anderen gruppensequentiellen Plänen.

5. Verfahrensvergleiche bei Lebensdauerdaten durch Simulation

5.1 Simulationsmodell

Untersucht wurde, welche der in Abschnitt 3.4 genannten Testverfahren für zensierte Lebensdauerdaten - Logrank-Test, Gehan-Breslow Test und modifizierter Kolmogorov-Smirnow-Test sich unter verschiedenen Annahmen am besten für Zwischenauswertungen eignen (Köpcke 1981). Zusätzlich zu den genannten drei Testverfahren wurde noch der gewöhnliche Vierfeldertafel χ^2 - Test in den Vergleich miteinbezogen. Unter Vernachlässigung der zeitlichen Struktur wird hier nur die folgende Vierfeldertafel betrachtet, wobei die Nomenklatur aus Abschnitt 3.4 übernommen ist.

Tabelle 5.1
Vierfeldertafel für Lebensdauerdaten

	Zielereignis		
	nicht eingetreten	eingetreten	Summe
Gruppe 1	$N_{1,o} - O_1$	O_1	$N_{1,o}$
Gruppe 2	$N_{2,o} - O_2$	O_2	$N_{2,o}$
Summe	$N_{1,o} + N_{2,o} - O_1 - O_2$	$O_1 + O_2$	$N_{1,o} + N_{2,o}$

Die Testgröße ist

$$T_4 = \frac{(N_{1,o} + N_{2,o}) \cdot (O_1 \cdot N_{2,o} - O_2 \cdot N_{1,o})^2}{N_{1,o} \cdot N_{2,o} \cdot (O_1 + O_2) \cdot (N_{1,o} + N_{2,o} - O_1 - O_2)}$$

T_4 ist asymptotisch χ^2 verteilt mit einem Freiheitsgrad.

Beispiel 5.1
Für die Daten aus Tabelle 3.18 erhält man das folgende Vierfelderschema

Tabelle 5.2

Vierfeldertafel für 14 ALL Patienten

		lebt	verstorben	Summe
Gruppe	1	6	3	9
	2	1	4	5
Summe		7	7	14

und damit die Testgröße $T_4 = 2,8$. Das Ergebnis ist nicht signifikant.

Für Zwischenauswertungen mit zensierten Lebensdauerdaten bieten sich die folgenden Auswertungsstrategien an:

I. Wiederholtes Testen nach fixen Zeitintervallen (z.B. jährlich) (Canner, 1977)

II. Wiederholtes Testen nach einer fixen Anzahl von Personen mit dem Zielereignis (z.B. nach jeweils 20 Remissionen) (Pocock, 1977).

III. Wiederholtes Testen nach einer fixen Anzahl von Personen mit einer bestimmten Beobachtungszeit (z.B. zwei Jahre nachdem 50 Patienten in die Studie aufgenommen wurden) (Köpcke, 1981).

Strategie I kommt den praktischen Bedürfnissen aller an einer Therapiestudie Beteiligten sicher am meisten entgegen (regelmäßige Informationen, Halbjahres- bzw. Jahresberichte)

Teststrategie II entspricht in ihrer Logik am ehesten dem verwendeten statistischen Modell[1]. Der Nachteil besteht darin, daß sich die erwartete und tatsächliche Zahl von Zielereignissen unterscheiden werden und daß dies letztlich wiederum zur Veränderung der ursprünglichen Strategie führt.

[1] Siehe Abschnitt 3.4

Durch die Teststrategie III können Unterschiede im Rekrutierungsverfahren ausgeglichen werden. Der Nachteil besteht darin, daß bei großen Nachbeobachtungszeiten entsprechend späte Testzeitpunkte zustandekommen. Dieser Effekt kann auch bei Strategie II auftreten, wenn die Zeit bis zum Eintreten des Zielereignisses entsprechend lang ist. Die genannten Eigenschaften zeigten sich in der folgenden Abbildung, wo beispielhaft gezeigt wird, wie sich die unterschiedlichen Teststrategien auf den Testzeitpunkt auswirken können.

Abbildung 5.1

Auswirkungen der Teststrategien auf den Testzeitpunkt

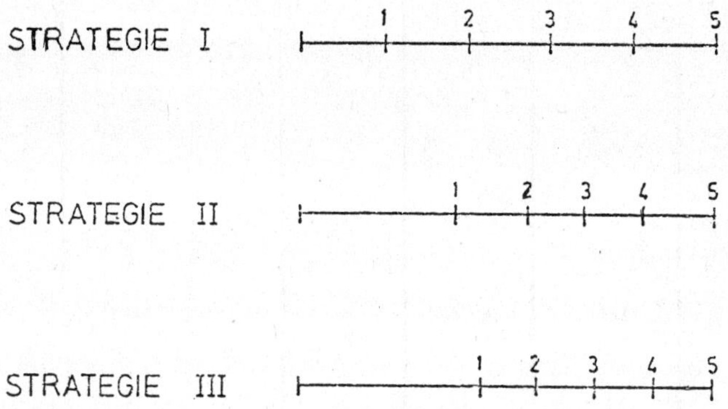

Für die Überlebensfunktion wurden die folgenden Verteilungstypen untersucht (Gehan 1969,1975)

1. Exponentialverteilung

$$S(t) = e^{-\lambda t}, \lambda > 0 \qquad (5.2)$$

2. Weibullverteilung (Frühausfall)

$$S(t) = e^{-(\lambda t)^c} \quad \lambda > 0, \quad 0 < c < 1 \qquad (5.3)$$

3. Weibullverteilung (Spätausfall)

$$S(t) = e^{-(\lambda t)^c} \quad \lambda > 0, \quad c > 1 \qquad (5.4)$$

4. Mischung zweier Verteilungen (Früh- und Spätausfall[1])

$$S(t) = \begin{cases} e^{-(\lambda_1 t)^{c_1}} & \lambda_1 > 0,\ 0 < c_1 < 1,\ 0 < t < t_1 \\ c_3\, e^{-(\lambda_2 t)^{c_2}} & t \geq t_1,\ \lambda_2 > 0,\ c_2 > 1,\ c_3 > 0 \end{cases} \qquad (5.5)$$

Abbildung 5.2 zeigt ein Beispiel für den Verlauf der vier Verteilungstypen. Dabei wurde für alle Überlebensfunktionen angenommen, daß S(5) = 0,7 ist, d.h. das die 5 Jahreüberlebensrate 70% beträgt.

---

1) Sogenannte U-förmige Hazard-Rate (Armbruster et al. 1981)

<u>Abbildung 5.2</u> Verlauf von Überlebensfunktionen bei verschiedener Verteilungsannahme

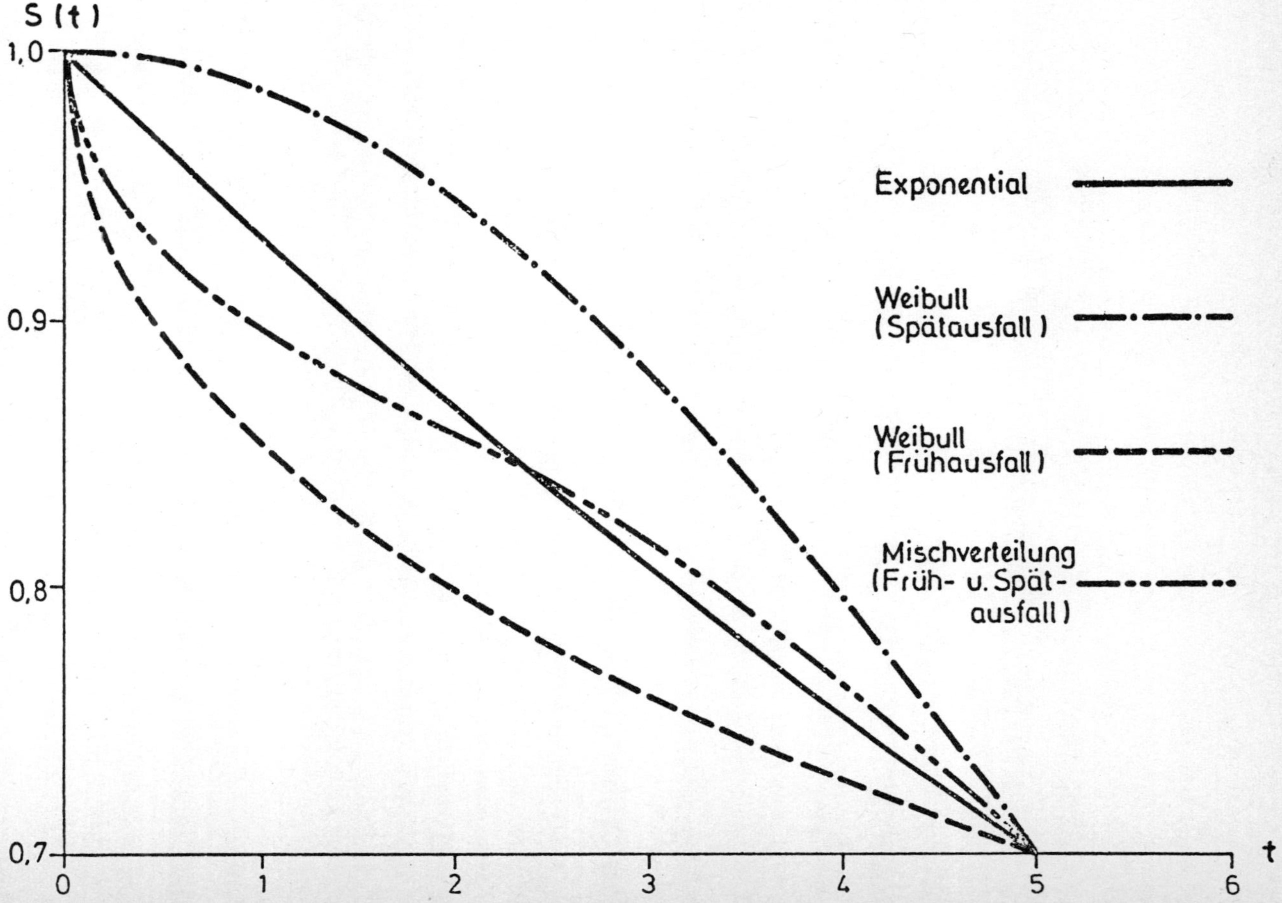

Bezüglich der Patientenrekrutierung wurden die folgenden Annahmen gemacht:

Abbildung 5.3

Simulationsmodell - Annahmen über Patientenrekrutierung

1. GLEICHMÄSSIGE REKRUTIERUNG

2. FRÜHREKRUTIERUNG

3. SPÄTREKRUTIERUNG

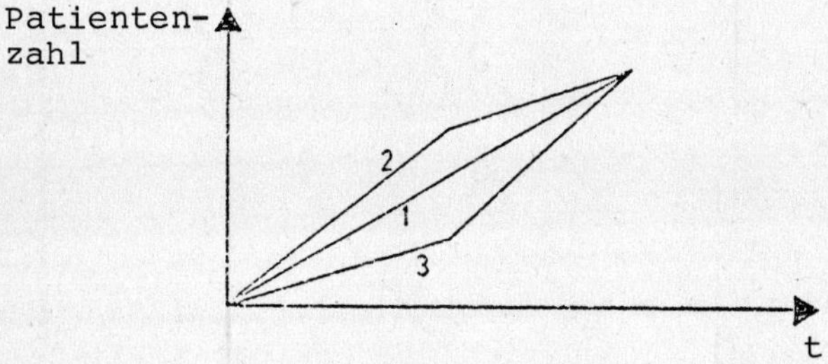

5.2 Simulation und Ergebnisse

Ein Vergleich der verschiedenen Testrategien und Teststatistiken ist analytisch nicht möglich, sondern kann nur durch eine Simulationsstudie erreicht werden. Als Gütemaß dient neben der Abbruchzeit, d.h. der Zeit bis zum Entdecken eines Unterschieds der ß-Fehler, der sich ergibt, wenn man die Daten von zwei verschiedenen Verteilungen durch Simulation erzeugt und mit dem entsprechenden $(1-\alpha)$% Quantil der Teststatistik vergleicht. Die meisten der bisherigen Simulationsstudien verwenden nicht das asymptotische Fraktil sondern das $(1-\alpha)$% Quantil aus der Simulation der Nullhypothese (Joe et al. 1981, Lee et al. 1975, 1980, Lininger et al. 1979, Taylor et al. 1980).
Jöckel (1980) hält dieses Verfahren aus folgenden Gründen für problematisch:

1. Bei der praktischen Durchführung von Tests wird normalerweise auch mit dem asymptotischen Fraktil gearbeitet.
2. Auf der Basis von z.B. 1000 Simulationen einer Teststatistik ist die Variabilität eines geschätzten Fraktils noch sehr groß. Ein 3σ Intervall liefert z.B. (5 ± 2)% für das tatsächlich eingehaltene Niveau.
3. Da die Experimente unter der Nullhypothese nicht unabhängig waren, ist ein Vergleich der Teststatistiken wegen der komplizierten Kovarianzstruktur nicht mehr möglich.

In der Studie wurden deshalb die asymptotischen 5% Quantile der Teststatistiken benutzt. Da jeweils fünf wiederholte Tests durchgeführt wurden, wurde entsprechend Kapitel 3.2 mit einem Einzelsignifikanzniveau von 0,015 bzw. dem kritischen χ^2 Wert von 5,81 gearbeitet.
Die Simulationen wurden auf einer Siemens 7760 durchgeführt. Benutzt wurde ein Standardprogramm, das auf $[0,1]$ gleichverteilte Zufallszahlen generiert. Der Algorithmus für diesen Zufallszahlengenerator ist bei Knuth (1969) beschrieben. Die Umwandlung in

exponentiell- bzw. weibullverteilte Zufallszahlen erfolgte nach den bei Fishman (1978) und Kennedy-Gentle (1980) angegebenen Transformationen.

Welche Verteilungen jeweils miteinander verglichen wurden, ist der folgenden Abbildung 5.4 zu entnehmen.

Die Ergebnisse der Simulation beruhend auf 1000 Wiederholungen sind in den folgenden Abbildungen 5.5 bis 5.11 dargestellt. Eine Zusammenfassung erfolgt in Tabelle 5.3

Insgesamt lassen sich folgende Schlußfolgerungen aus den Simulationen ziehen. Die Teststrategien, d.h. die Auswertungszeitpunkte haben keinen Einfluß auf den ß-Fehler. Die Teststrategie I (fixe Auswertungszeitpunkte) führt dagegen im Durchschnitt zu früheren Abbruchzeitpunkten. Wie zu erwarten war, wirken sich die verschiedenen Verteilungsannahmen am stärksten auf den ß-Fehler und den Abbruchzeitpunkt aus. Der Gehan-Breslow Test und der Logrank-Test war den anderen beiden Testverfahren (Vierfeldertafeltest und modifizierter Kolmogorov-Test) fast immer überlegen. Auffallend war das der Kolmogorov-Smirnow-Test am schlechtesten abschnitt, d.h. selbst der einfache Vierfeldertafeltest lieferte bessere Ergebnisse.

Die Art der Rekrutierung hatte keinen Einfluß auf die Unterschiede zwischen den Teststrategien und Testverfahren. Wie zu erwarten war, führte die Frührekrutierung generell zu niedrigen ß-Fehlern und zu früheren Abbruchzeitpunkten. Bei Spätrekrutierung ergab sich entsprechend die umgekehrte Tendenz.

Abbildung 5.4 Simulationsstudie - Verteilungsannahmen bei verschiedenen Vergleichen

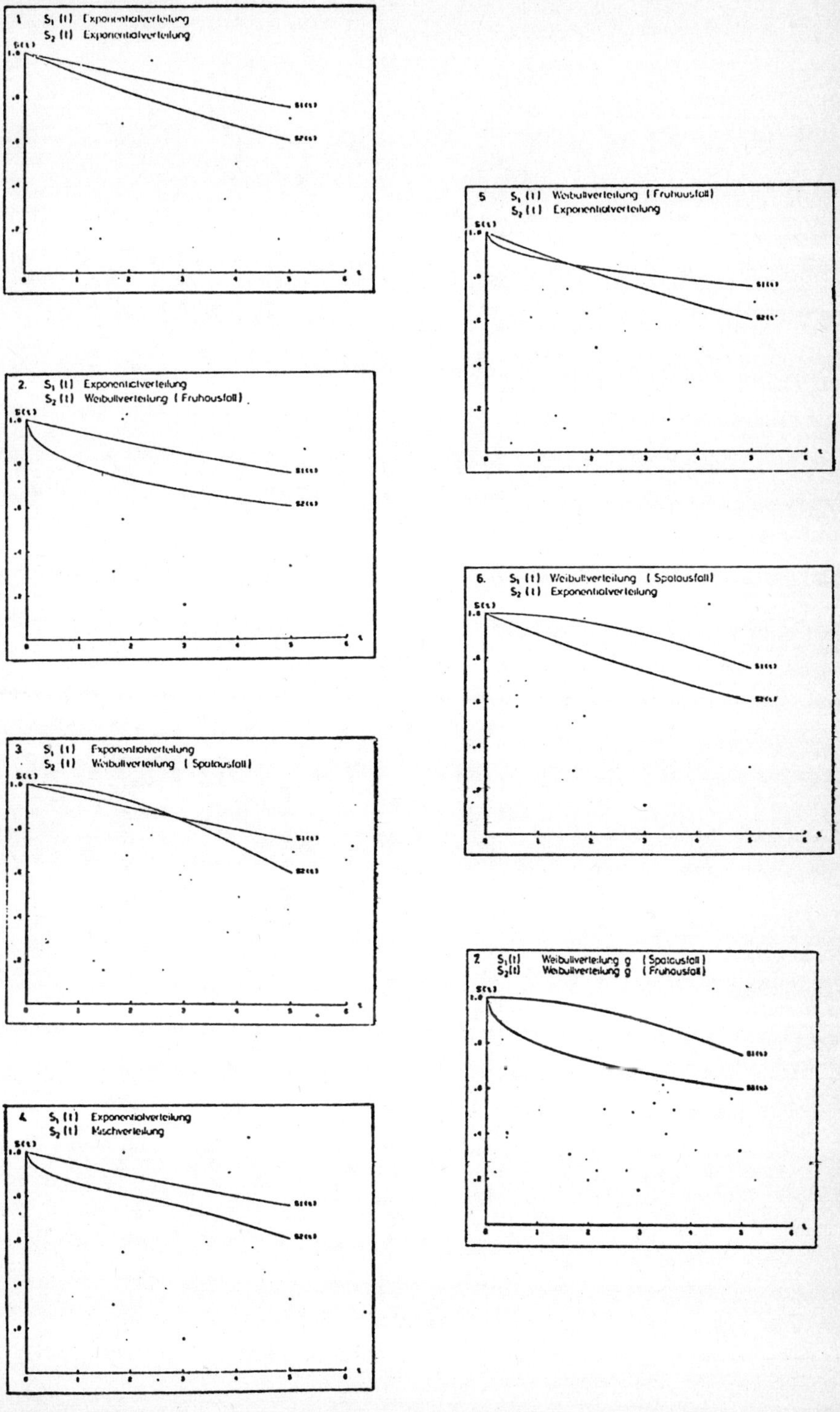

Abbildung 5.5

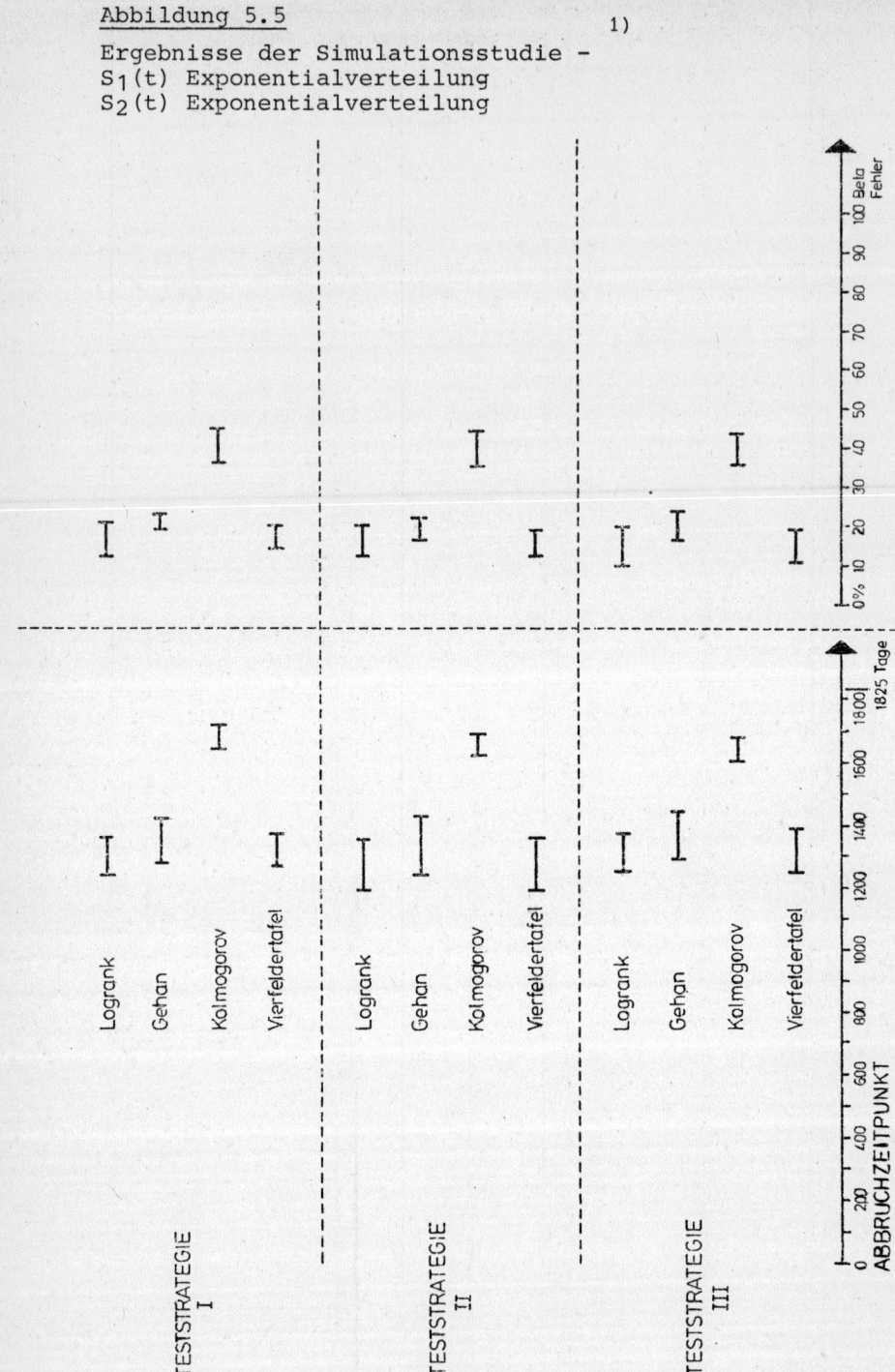

Ergebnisse der Simulationsstudie -[1)]
$S_1(t)$ Exponentialverteilung
$S_2(t)$ Exponentialverteilung

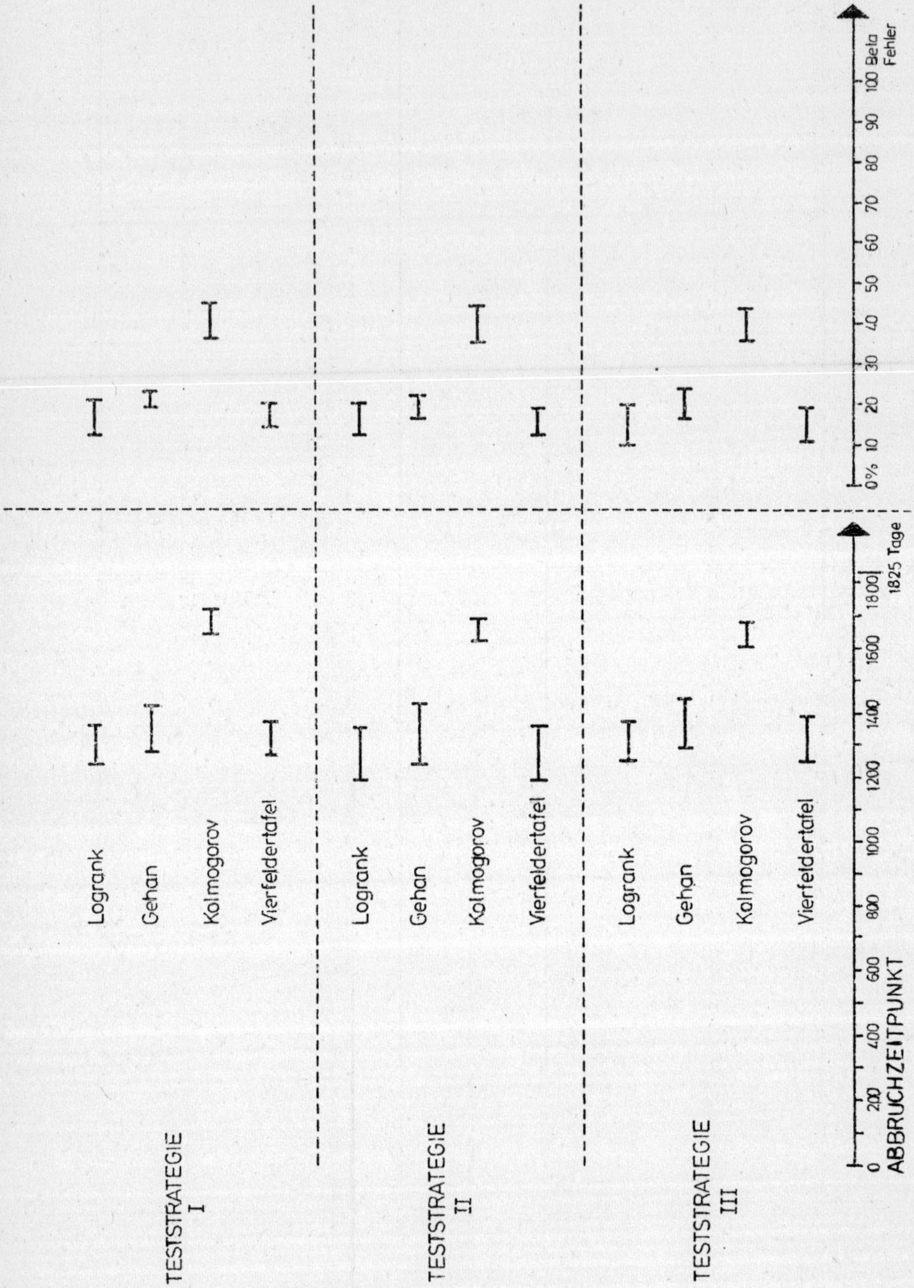

---

1) Die untere Intervallgrenze gilt für die Frührekrutierung, die obere für die Spätrekrutierung (vgl. Abb. 5.3)

Abbildung 5.6

Ergebnisse der Simulationsstudie -
$S_1(t)$ Exponentialverteilung
$S_2(t)$ Weibullverteilung (Frühausfall)

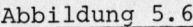

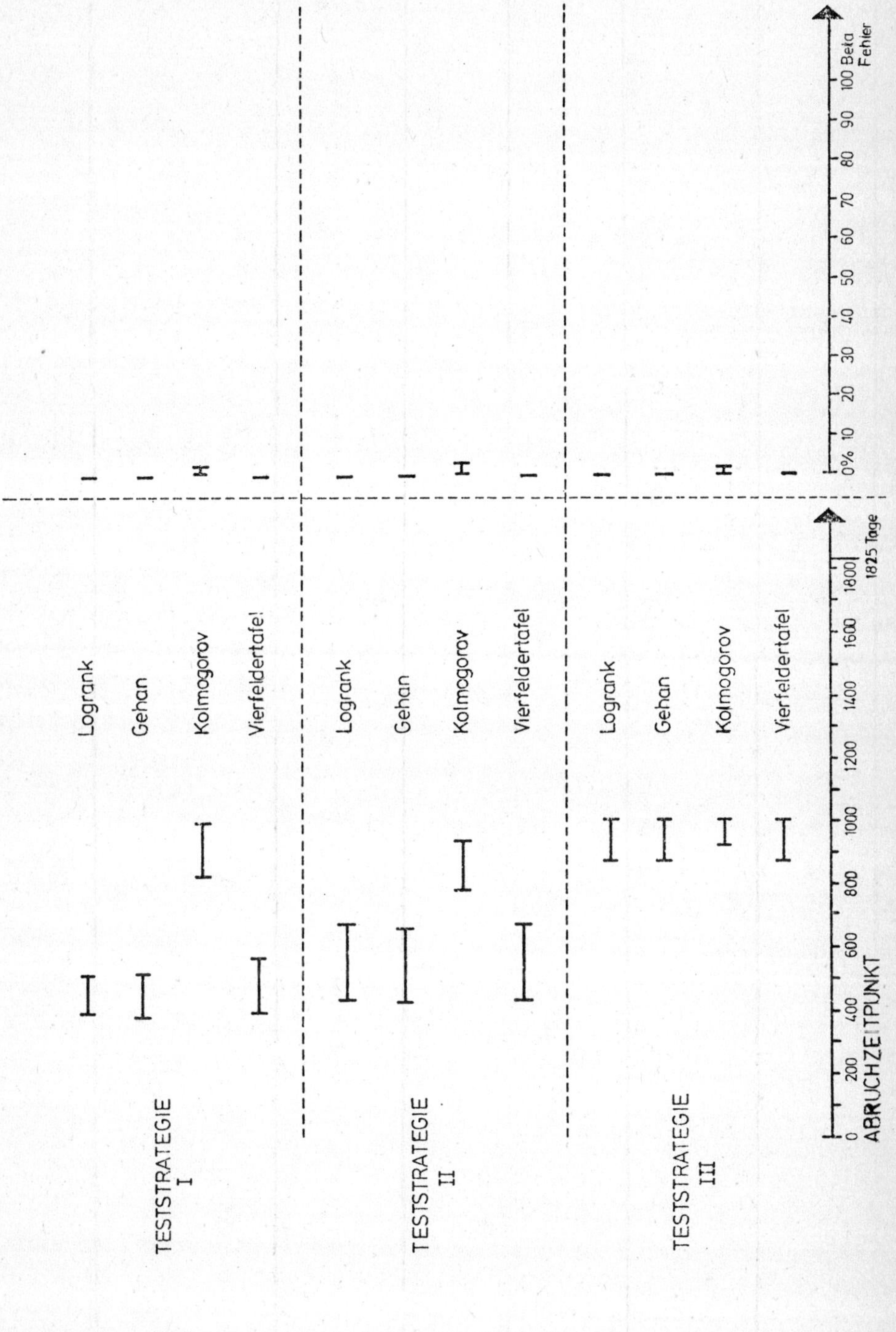

Abbildung 5.7

Ergebnisse der Simulationsstudie -
$S_1(t)$ Exponentialverteilung
$S_2(t)$ Weibullverteilung (Spätausfall)

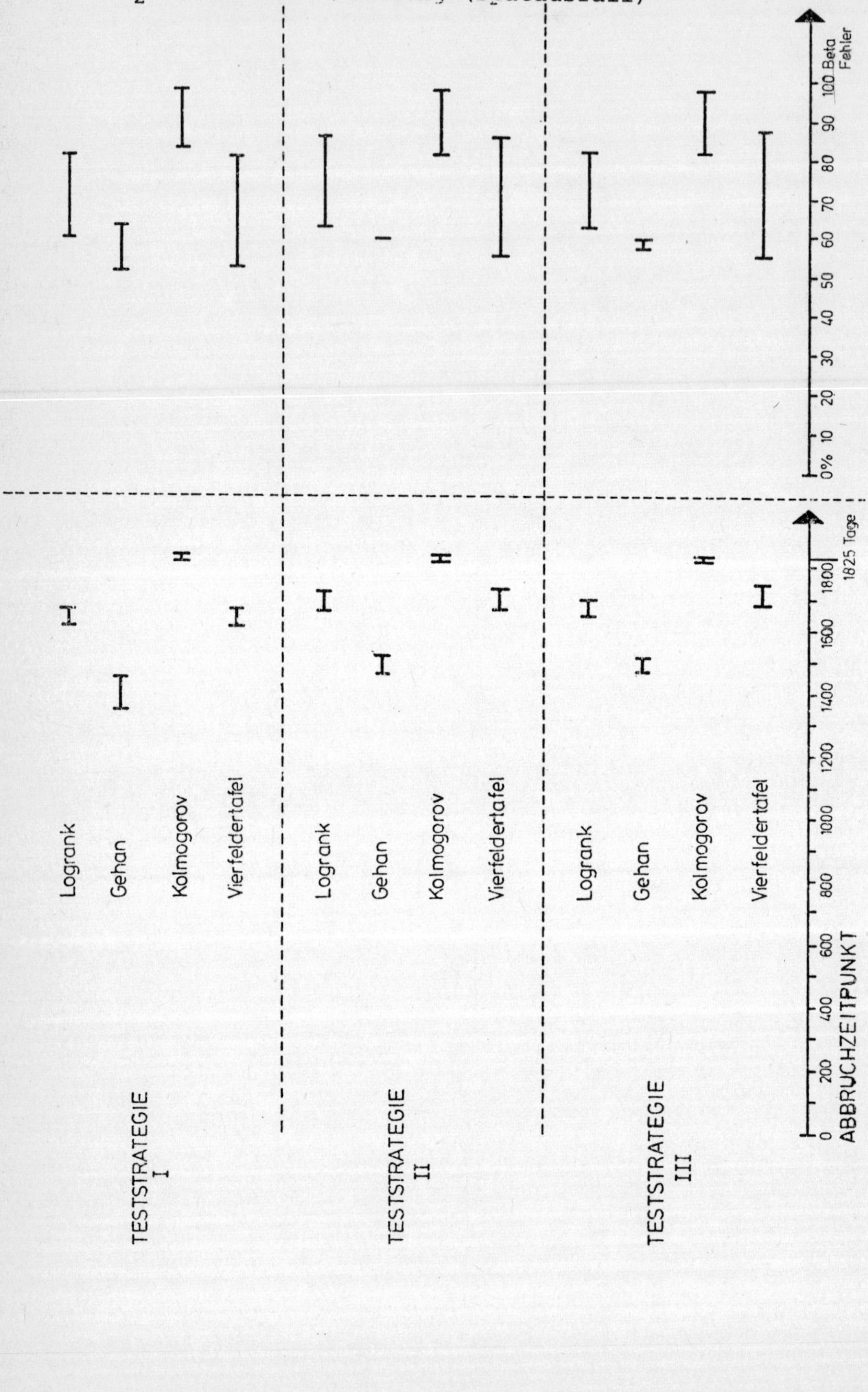

Abbildung 5.8

Ergebnisse der Simulationsstudie -
$S_1(t)$ Exponentialverteilung
$S_2(t)$ Mischverteilung

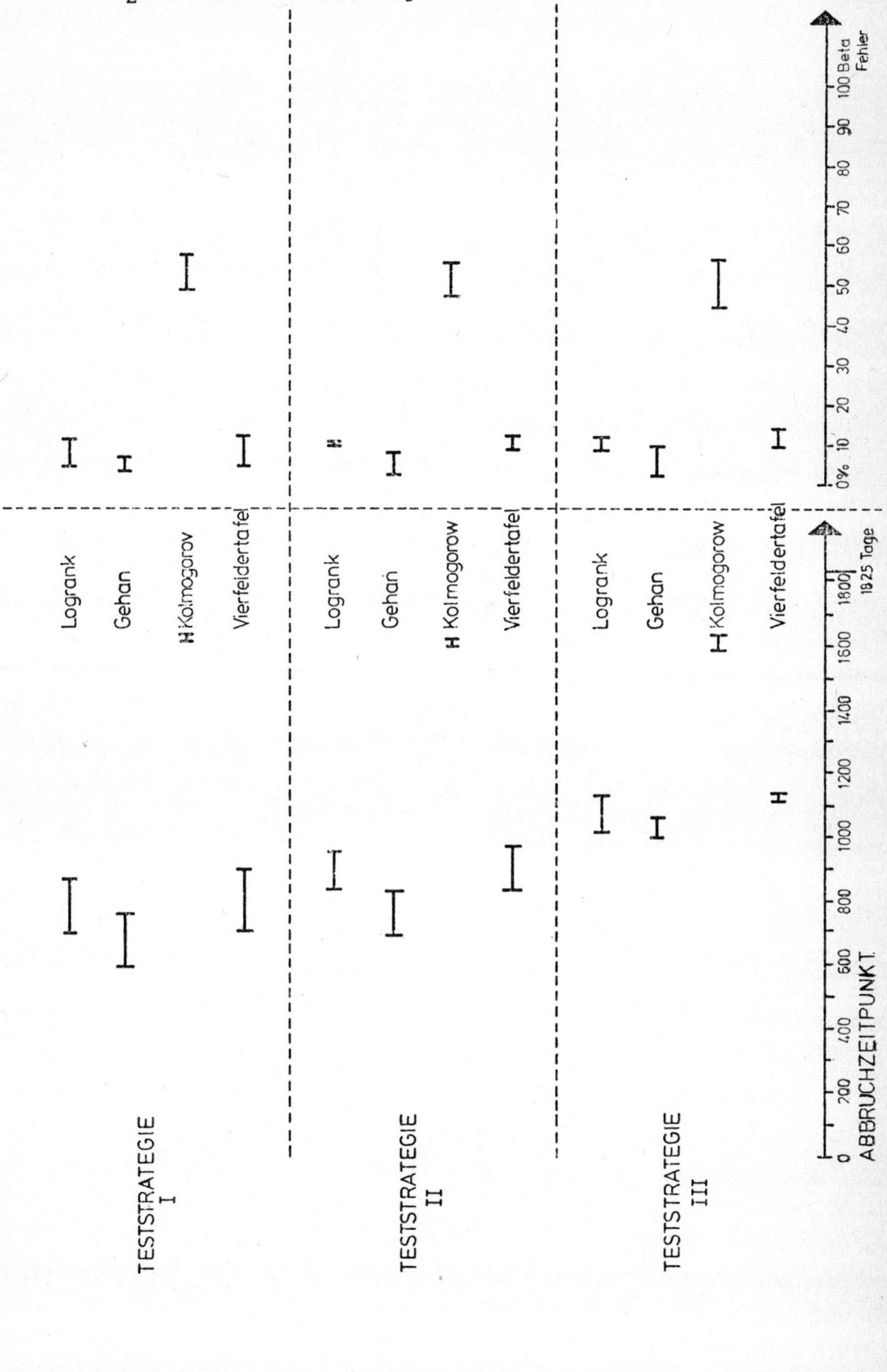

Abbildung 5.9

Ergebnisse der Simulationsstudie -
$S_1(t)$ Weibullverteilung (Frühausfall)
$S_2(t)$ Exponentialverteilung

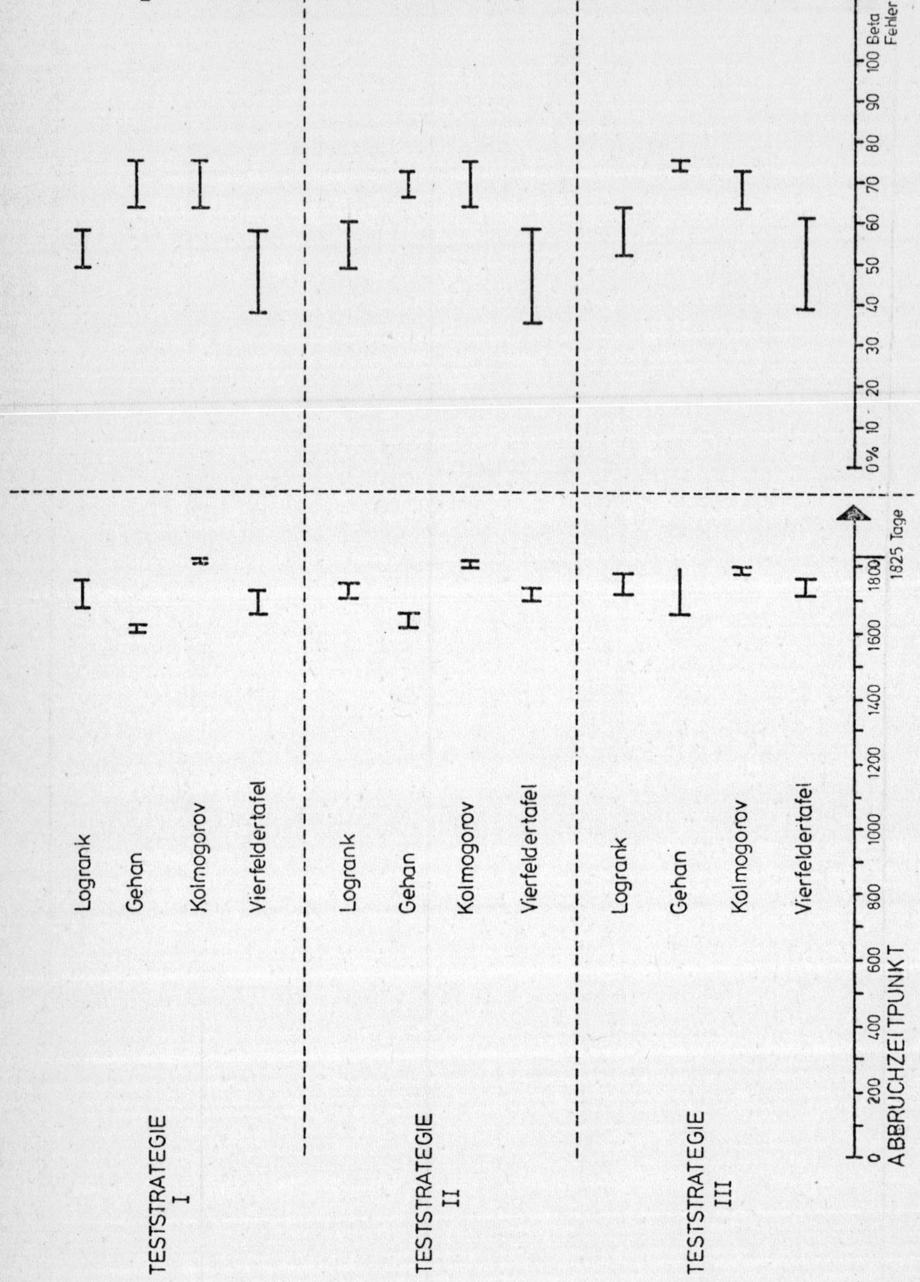

Abbildung 5.10

Ergebnisse der Simulationsstudie -
$S_1(t)$ Weibullverteilung (Spätausfall)
$S_2(t)$ Exponentialverteilung

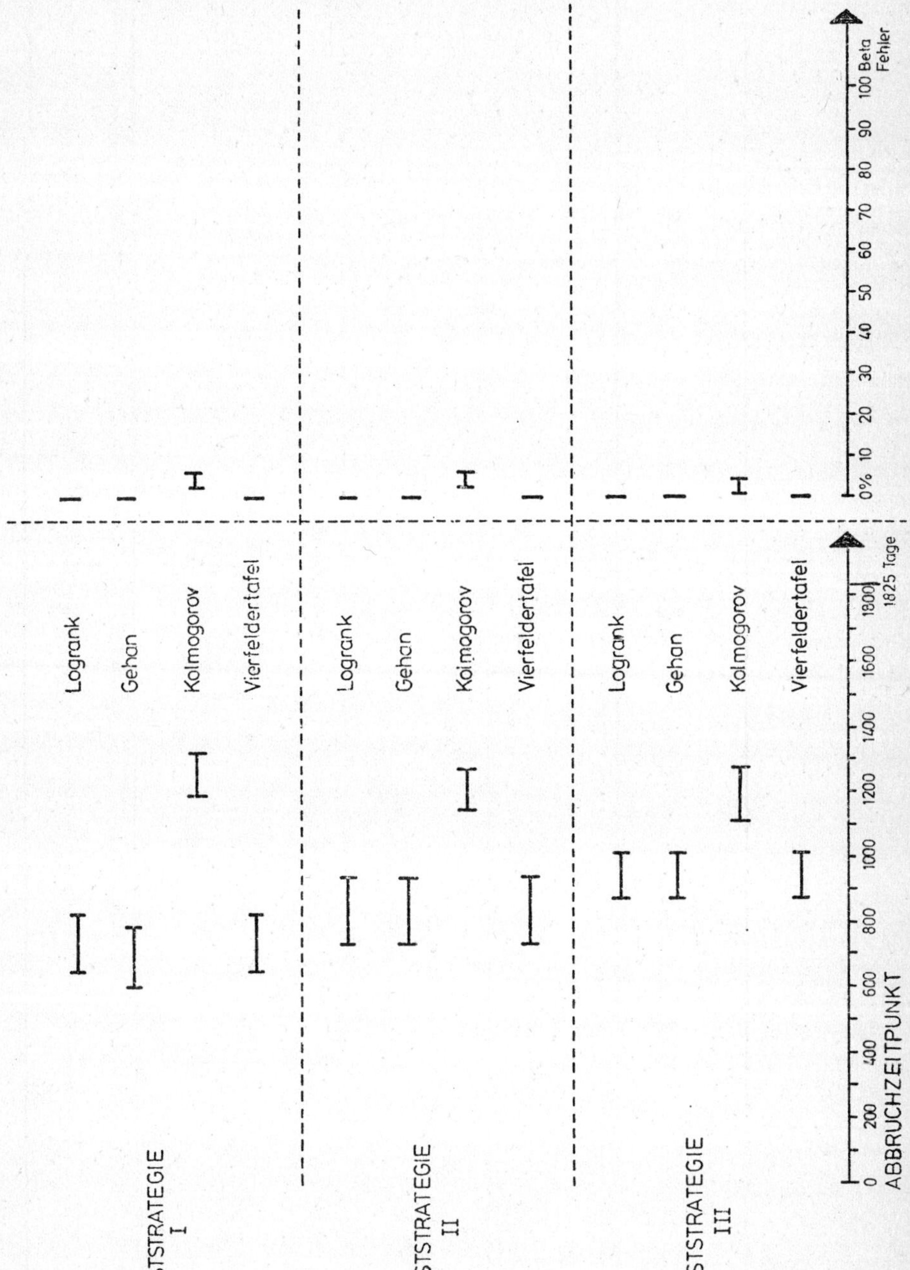

Abbildung 5.11

Ergebnisse der Simulationsstudie -
$S_1(t)$ Weibullverteilung (Spätausfall)
$S_2(t)$ Weibullverteilung (Frühausfall)

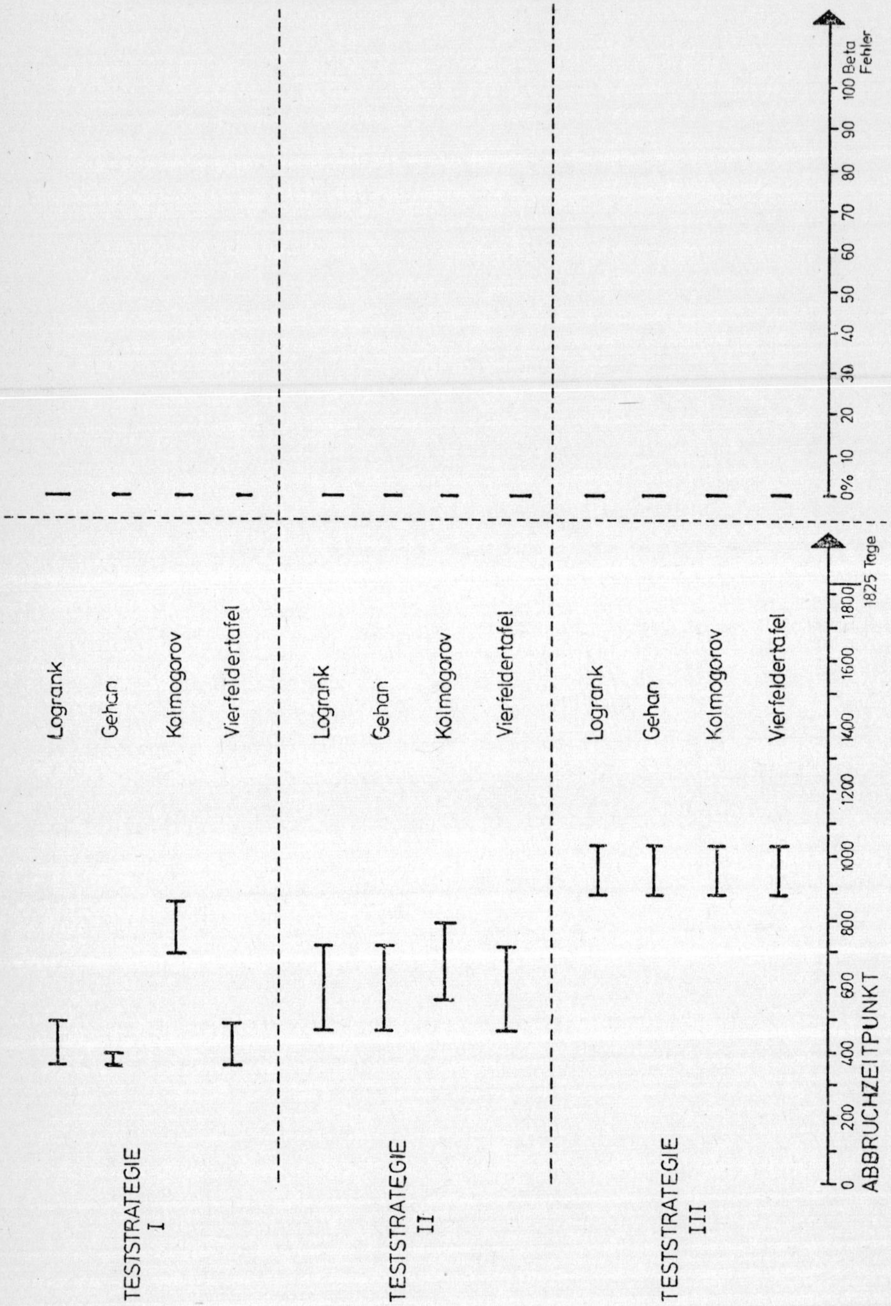

Tabelle 5.3: Ergebnisse der Simulationsstudie [1)]

Verteilungsannahmen		Teststrategie I		Teststrategie II		Teststrategie III	
Gruppe I $S_1(5)=0,75$	Gruppe II $S_2(5)=0,60$	Test mit dem kleinsten ß-Fehler	Test mit dem frühesten Abbruchszeitpunkt	Test mit dem kleinsten ß-Fehler	Test mit dem frühesten Abbruchszeitpunkt	Test mit dem kleinsten ß-Fehler	Test mit dem frühesten Abbruchszeitpunkt
Exponential	Exponential	Logrank-Test 12 - 21 %	Logrank-Test 1244-1361 Tage	Logrank-Test 12 - 20 %	Logrank-Test 1198-1355 Tage	Logrank-Test 10 - 20 %	Logrank-Test 1255-1372 Tage
Exponential	Weibull (Frühausfall)	Gehan-Test Logrank-Test Vierfeldertafeltest 0%	Gehan-Test 383-511 Tage	Gehan-Test Logrank-Test Vierfeldertafeltest 0%	Gehan-Test 424-653 Tage	Gehan-Test Logrank-Test Vierfeldertafeltest 0%	Gehan-Test Logrank-Test 875-1021 Tage
Exponential	Weibull (Spätausfall	Gehan-Test 51 - 62 %	Gehan-Test 1347-1446 Tage	Gehan-Test 59 %	Gehan-Test 1454-1518 Tage	Gehan-Test 57 - 59 %	Gehan-Test 1471-1509 Tage
Exponential	Mischverteilung (Früh- und Spätausfall	Gehan-Test 3 - 6 %	Gehan-Test 588-749 Tage	Gehan-Test 2 - 7 %	Gehan-Test 681-823 Tage	Gehan-Test 2 - 9 %	Gehan-Test 997-1051 Tage
Weibull (Frühausfall)	Exponential	Vierfeldertafeltest 37 - 57 %	Gehan-Test 1588-1614 Tage	Vierfeldertafeltest 35 - 58 %	Gehan-Test 1609-1655 Tage	Vierfeldertafeltest 39 - 61 %	Gehan-Test 1654-1787 Tage
Weibull (Spätausfall	Exponential	Gehan-Test Logrank-Test Vierfeldertafeltest 0%	Gehan-Test 599-789 Tage	Gehan-Test Logrank-Test Vierfeldertafeltest 0%	Gehan-Test 723-941 Tage	Gehan-Test Logrank-Test Vierfeldertafeltest 0%	Gehan-Test Logrank Test Vierfeldertest 874-1019 Tage
Weibull (Spätausfall)	Weibull (Frühausfall)	alle 0 %	Gehan-Test 365-387 Tage	alle 0 %	Gehan-Test Logrank-Test 463-716 Tage	alle 0%	alle 876-1026 Tage

[1)] Die angegebenen Bereiche entstehen durch die verschiedenen Rekrutierungsannahmen.
Die untere Grenze gilt für Frührekrutierung, die obere für Spätrekrutierung (vgl. Abb. 5.3)

6. Schlußfolgerungen

- Zwischenauswertungen sind aus wissenschaftlichen, juristischen und ethischen Gründen unerläßlich.

- Methodische Überlegungen für Zwischenauswertungen und vorzeitigem Studienabbruch sollten Bestandteil des Studienprotokolls sein.

- Gruppensequentielle Pläne sind aus praktischen Gründen (halbjährliche bzw. jährliche Zwischenauswertungen) und aus methodischen Gründen (geringere Fallzahl bzw. größere Testsicherheit) den total sequentiellen Plänen überlegen.

- Die gemischten Strategien, wie sie in dieser Arbeit entwickelt worden sind, sind in fast allen Konstellationen den bisher bekannten gruppensequentiellen Verfahren überlegen bzw. gleichwertig.
  Für das Testen einer Vierfeldertafel mit dem χ^2-Test gilt dabei die folgende einfache Faustformel. Beim fünfmaligen Testen mit den kritischen Testgrößen $\chi_1^2 = 15$; $\chi_2^2 = 7,5$; $\chi_3^2 = 5$; $\chi_4^2 = 5$; $\chi_5^2 = 5$ wird insgesamt ein Signifikanzniveau von $2\alpha=0,05$ einge- eingehalten [1]. Lediglich in der Situation, wo mit sehr hoher Sicherheit d.h. mit entsprechend vermehrter Fallzahl ein Unterschied entdeckt werden soll, sollte der gruppensequentielle Plan nach Pocock verwendet werden.
- Bei zensierten Lebensdauerdaten sollten Zwischenauswertungen in regelmäßigen Zeitabständen unter Verwendung des Logrank-Tests oder des Gehan-Breslow-Tests durchgeführt werden.

- Ein signifikantes Ergebnis bei einer Zwischenauswertung darf nicht automatisch zum Studienabbruch führen. Erst nach einer Nutzen Risiko Abwägung unter Berücksichtigung aller relevanten Faktoren soll eine Entscheidung getroffen werden.

---

[1] Diese Werte ergeben sich direkt durch Quadrierung der entsprechenden Zahlen in Tabelle 4.1

7. Zusammenfassung

In der Arbeit wurden zunächst drei für das Problem Zwischenauswertungen und Studienabbruch typische Beispiele aus der Literatur beschrieben und diskutiert, nämlich die University Group Diabetes Program (UGDP) Studie, die Coronary Drug Project (CDP) Studie und die Clofibrat-Studie. Anschließend wurden einige generelle Aspekte des Problemkreises Zwischenauswertung und Studienabbruch besprochen. Dazu gehören der Inhalt von Zwischenauswertungen, die möglichen Gründe für einen vorzeitigen Studienabbruch und die allgemeinen methodisch statistischen Aspekte bei Zwischenauswertungen und Studienabbruch.

In Kapitel 3 wurde eine Verfahrensübersicht gegeben. Ausgehend von den offenen Sequentialplänen nach Wald (1947) wurden die geschlossenen Sequentialpläne (Armitage (1957, 1975), Samuel-Cahn (1974)) und die gruppensequentiellen Methoden (Pocock 1977), O'Brien-Fleming (1979) dargestellt. Anschließend wurden gängige Testverfahren zur Lebensdauerdatenanalyse beschrieben. (Logrank-Test, Gehan - Breslow Test und Kolmogorov-Smirnov Test). In den nächsten beiden Abschnitten wurden Methoden und Probleme angerissen, die im Rahmen dieser Arbeit nicht weiter verfolgt werden konnten, die aber in Kombination mit den hier dargestellten Methoden zu interessanten Weiterentwicklungen führen könnten. Dazu gehören die multivariaten Methoden, das Problem der multiplen Vergleiche, die nicht parametrischen Methoden und die entscheidungstheoretischen Ansätze.

In Kapitel 4 wurden unter der Bezeichnung "gemischte Strategien" die gruppensequentiellen Methoden von Pocock (1977) und O'Brien-Fleming (1979) verallgemeinert und zwei neue gruppensequentielle Pläne entwickelt. Die Ergebnisse wurden dargestellt und Vor- und Nachteile gegenüber den bisherigen Strategien untersucht. Dabei ergab sich, daß die neuen Methoden in fast allen Konstellationen den alten Verfahren überlegen bzw. gleichwertig sind.

In Kapitel 5 wurde dargestellt, wie die Testverfahren für Lebensdauerdaten unter verschiedenen Nebenbedingungen für Zwischenauswertungen von Therapiestudien geeignet sind. Die Untersuchung wurde, da eine analytische Lösung nicht möglich ist, mit einem Simulationsansatz durchgeführt. Dabei ergab sich, daß Zwischenauswertungen zu regelmäßigen Zeitpunkten unter Verwendung des Gehan-Breslow- bzw. Logrank-Tests die sicherste Grundlage für eine Beurteilung darstellen.

Literatur:

1. Abt, K.:
   Problems of Repeated Significance Testing
   Controlled Clinical Trials 1 (1981) 377-381

2. Alling, D.W.:
   Early Decision in the Wilcoxon Two-Sample Test
   JASA 58 (1963) 713-720

3. Anderson, T.W.:
   A Modification of the Sequential Probability Ratio Test to Reduce the Sample Size
   Ann Math Stat 31 (1960) 165-197

4. Anscombe, F.J.:
   Sequential Medical Trials
   JASA 58 (1963) 365-383

5. Armbruster, I.; Baster, G.; Kay, R.; Leibbrand, D.; Olschewski, M.; Rauschecker, H.; Scheurlen, H.; Schumacher, M.; Weckesser, G.:
   Interpretation der Ergebnisse von vergleichenden Therapiestudien mit Hilfe der Hazardfunktion
   In: Victor, N.; Dudeck, J.; Broszio, E.P. (Hrsg.) Therapiestudien - Springer: Berlin-Heidelberg-New York (1981) 247-260

6. Armitage, P.:
   Restricted Sequential Procedures
   Biometrika 44 (1957) 9-26

7. Armitage, P.:
   The Comparison of Survival Curves
   J Roy Statist Soc A 122 (1959) 279-292

8. Armitage, P.:
Sequential Medical Trials
Blackwell: Oxford (1975)

9. Armitage, P.:
The Analysis of Data from Clinical Trials
The Statistician 28 (1979) 171-183

10. Armitage, P.:
The Design of Clinical Trials
Austral J Statist 21 (1979) 266-281

11. Armitage, P.:
Exclusions, Losses to Follow-Up, and With drawals in Clinical Trials
in: Shapiro, S.H. Louis, T.A. (eds.)
Clinical Trials - Issues and Approaches
Marcel Dekker: New York - Basel (1983) 99-113

12. Armitage, P.; McPherson, C.K.; Rowe, B.C.:
Repeated Significance Tests on Accumulating Data
J Roy Statist Soc A 132 (1969) 235-244

13. Aroian, L.A.:
Sequential Analysis, Direct Method
Technometrics 10 (1968) 125-132

14. Aroian, L.A.; Robinson, D.E.:
Direct Methods for Exact Truncated Sequential Tests of the Mean of a Normal Distribution
Technometrics 11 (1969) 661-675

15. Aumiller, J. (Hrsg.):
Der Fall Clofibrat
Münch Med Wschr 121 (1979) Suppl. 1

16. Bar, C. von; Fischer, G.:
Haftung bei der Planung und Förderung medizinischer Forschungsvorhaben
NJW 50 (1980) 2734-2740

17. Barr, D.R.:
A Kolmogorov-Smirnov Test for Censored Samples
Technometrics 15 (1973) 739-757

18. Begg, C.B.:
Sequential Analysis of Comparative Clinical Trials
when Three Treatments are being Compared: Sidney
Farber Cancer Institute - Boston
Technical Report No 3-78 (1978) 1-24

19. Begg, C.B.; Mehta, C.R.:
Sequential Analysis of Comparative Clinical Trials
Biometrika 66 (1979) 97-103

20. Berchier, P.:
Mittelwertsvergleiche in Normalverteilungsmodellen
Biometrisches Seminar der ROeS. Bad-Ischl (1981)

21. Berchtold, W.:
Klinische Studien - Berechnen und Vergleichen von
Überlebenskurven
Schweiz Med Wschr 111 (1981) 128-133

22. Beta Blocker Heart Attack Study Group
The Beta Blocker Heart Attack Trial
JAMA 246 (1981) 2073-2074

23. Biefang, S.; Köpcke, W.; Schreiber, M.A.:
Manual für die Planung und Durchführung von Therapiestudien
Springer: Berlin-Heidelberg-New York (1-79)

24. Bloedhorn, H.:
Sequentialanalyse
In: Walter, E. (Hrsg.); Statistische Methoden I -
Grundlagen und Versuchsplanung
Springer: Berlin-Heidelberg-New York (1970) 188-199

25. Boissel, J.P.:
Controlled Clinical Trials:
Today's Chellenges for Statisticians and Designers
Controlled Clinical Trials 1 (1981) 333-337

26. Boissel, J.P.; Leizerovicz, A.; Sanchini, B.; Biron, A.:
Quality Control and Clinical Trials
In: Alperovitch, A.; DeDombal, F.T.; Gremy, F.; (eds.)
Evaluation of Efficacy of Medical Action
North Holland: Amsterdam (1979) 377-387

27. Bonadonna, G.; Valagussa, P.:
The Logistics of Clinical Trials
Biomedicine Special Issue, 28 (1978) 43-48

28. Breslow, N.:
A Large Sample Sequential Analysis with Applications
to Survivorship Data
J Appl Prob 6 (1969) 261-274

29. Breslow, N.:
A Generalized Kruskal-Wallis Test for Comparing K
Samples Subject to Unequal Patterns for Censorship
Biometrika 57 (1970) 579-594

30. Breslow, N.:
Covariance Analysis of Censored Survival Data
Biometrics 30 (1974) 89-99

31. Breslow, N.:
Analysis of Survival Data under the Proportional
Hazard Model
Int Stat Rev 13 (1975) 45-58

32. Breslow, N.:
Statistical Methods for Censored Survival Data
Technical Report No 20
Department of Biostatistics
University of Washington: Seattle (1978) 1-30

33. Breslow, N.; Haug, C.:
Sequential Comparison of Exponential Survival Curves
JASA 67 (1972) 691-697

34. Bross, I.:
Sequential Medical Plans
Biometrics 8 (1952) 188-204

35. Canner, P.L.:
Selecting One of Two Treatments when the Responses are Dichotomous
JASA 65 (1970) 293-306

36. Canner, P.L.:
Monitoring Treatment Differences in Long-Term Clinical Trials
Biometrics 33 (1977) 603-615

37. Canner, P.L.:
Monitoring Clinical Trial Data for Evidence of Adverse or Beneficial Treatment Effects
In: Boissel, J.P.; Klimt, C.R. (eds.);
Multicenter Controlled Trials
INSERM: Paris (1977) 131-149

38. Canner, P.L.; Huang, Y.B.; Meinert, D.L.:
On the Detection of Outlier Clinics in Medical and Survival Trials
I Practical Considerations
II Theoretical Considerations
Controlled Clinical Trials 2 (1981) 231-252

39. Chakavorti, S.R., Grizzle, J.E.:
Analysis of Data from Multiclinic Experiments
Biometrics 31 (1975) 325-338

40. Chalmers, T.C.:
The Control of Bias in Clinical Trials
In: Shapiro, S.; Louis, T.A. (eds.);
Clinical Trials - Issues and Approaches
Marcel Dekker: New York - Basel (1983) 45-127

41. Chalmers, T.C.; Smith, H.; Blackburn, B.; Silverman, B.;
Schroeder, B.; Reitman, D.; Ambroz, A.:
A Method for Assessing the Quality of a Randomized
Control Trial
Controlled Clinical Trials 2 (1981) 31-49

42. Chernoff, H.:
Sequential Tests for the Mean of a Normal Distribution
(Discrete Case)
Ann Math Statist 36 (1965) 55-68

43. Chernoff, H.; Petkau, A.J.:
Sequential Medical Trials Involving Paired Data
Biometrika 68 (1981) 119-132

44. Colton, T.:
A Model for Selecting One of Two Medical Treatments
JASA 58 (1963) 388-400

45. Colton, T.:
A Two-Stage Model for Selecting One of Two Treatments
Biometrics 21 (1965) 169-180

46. Committee for the Assessment of Biometric Aspects of
Controlled Trials of Hypoglycemic Agents
Report of the Committee for the Assessment of Biometric
Aspects of Controlled Trials of Hypoglycemic Agents
JAMA 231 (1975) 583-608

47. Cornfield, J.:
Sequential Trials, Sequential Analysis and the Likelihood
Principle
Am Stat 20 (1966) 18-32

48. Cornfield, J.:
A Bayesian Test of Some Classical Hypotheses with Applications to Sequential Clinical Trials
JASA 61 (1966) 577-594

49. Cornfield, J.:
The Bayesian Outlook and its Application
Biometrics 25 (1969) 617-657

50. Cornfield, J.:
The University Group Diabetes Program
A Further Statistical Analysis of the Mortality Findings
JAMA 217 (1971) 1676-1687

51. Cornfield, J.:
Recent Methodological Contributions to Clinical Trials
Am J Epidemiol 104 (1976) 408-421

52. Cornfield, J,; Halperin, M.; Greenhouse, S.W.:
An Adaptive Procedure for Sequential Clinical Trials
JASA 64 (1969) 759-770

53. Coronary Drug Project Research Group:
Initial Findings Leading to Modifications of its Research Protocol
JAMA 214 (1970) 1303-1313

54. Coronary Drug Project Research Group:
The Coronary Drug Project. Findings Leading to Further Modifications of its Protocol with Respects to Dextrothyroxine
JAMA 226 (1972) 996-1008

55. Coronary Drug Project Research Group:
The Coronary Drug Project. Findings Leading to Discontinuation of the 2,5 mg Day Estrogen Group
JAMA 226 (1973) 652-657

56. Coronary Drug Project Research Group:
The Coronary Drug Project. Design, Methods, and Baseline Results
Circulation 47 (1973) 11-179

57. Coronary Drug Project Research Group:
Clofibrate and Niacin in Coronary Heart Disease
JAMA 231 (1975) 231-381

58. Coronary Drug Project Research Group:
Influence of Adherence to Treatment and Response of Cholesterol on Mortality in the Coronary Drug Project
New Engl J Med 303 (1980) 1038-1041

59. Coronary Drug Project Research Group:
Practical Aspects for Decision Making in Clinical Trials: The Coronary Drug Project as a Case Study
Controlled Clinical Trials 1 (1981) 363-376

60. Coronary Drug Project Research Group:
The Coronary Drug Project.
Methods and Lessons of a Multicenter Clinical Trial
Controlled Clinical Trials 4 (1983) 273-550

61. Cox, D.R.:
Regression Models and Life Tables (with Discussions)
J Roy Statist Soc B 34 (1972) 187-220

62. Crowley, J.:
A Note on Some Recent Likelihoods Leading to the Log Rank Test
Biometrika 61 (1974) 533-538

63. Crowley, J.:
Some Extensions of the Log Rank Test
In: Scheurlen, H.R.; Weckesser, G.; Armbruster, I. (eds.)
Clinical Trials in Early Breast Cancer
Springer: Berlin-Heidelberg-New York (1979) 213-223

64. Cutler, S.J.; Greenhouse, S.W.; Schneiderman, M.A.:
The Role of Hypothesis Testing in Clinical Trials
J Chron Dis 19 (1966) 857-882

65. Darling, D.A.:
The Birth, Growth, and Blossoming of Sequential Analysis
In: Owen, D.B. (eds.)
On the History of Statistics and Probability
Dekker: New York (1976) 396-375

66. Davis, C.E.:
A Two Sample Wilcoxon Test for Progressively Censored Data
Commun Stat - Theor Meth A7 (1978) 389-398

67. Day, N.E.:
Two-Sample Designs for Clinical Trials
Biometrics 25 (1969) 111-118

68. Demets, D.L.; Ware, J.H.:
Group Sequential Methods for Clinical Trials with
a One-Sided Hypothesis
Biometrika 67 (1980) 651-660

69. Donner, A.:
The Use of Auxiliary Information in the Design of
Clinical Trials
Biometrics 33 (1977) 305-314

70. Elandt-Johnson, R.C.; Johnson, N.L.:
Survival Models and Data Analysis
Wiley: New York (1980)

71. Elfring, G.L.; Schultz, J.R.:
Group Sequential Designs for Clinical Trials
Biometrics 29 (1973) 471-477

72. Fairbanks, K., Madsen, R.:
P Values for Tests Using a Repeated Test Design
Biometrika 69 (1982) 69-74

73. Feinstein, A.R.:
Clinical Biostatistics V III: An Analytic Appraisal of the University Group Diabetes Program (UGDP) Study
Clin Pharmacol Ther 12 (1971) 167-191

74. Feinstein, A.R.:
Clinical Biostatistics XXX: Biostatistical Problems in 'Compliance Bias'
Clin Pharmacol Ther 16 (1974) 846-857

75. Feinstein, A.R.:
Clinical Biostatistics XXXV: The Persistent Clinical Failures and Fallacies of the UGDP Study
Clin Pharmacol Ther 19 (1976) 78-93

76. Feinstein, A.R.:
Clinical Biostatistics XXXVI: The Persistent Biometric Problems of the UGDP Study
Clin Pharmacol Ther 19 (1976) 472-485

77. Feinstein, A.R.:
Clinical Biostatistics XLI: Hard Science, Soft Data, and the Challenges of Choosing Clinical Variables in Research
Clin Pharmacol Ther 22 (1977) 485-498

78. Feinstein, A.R.:
On Standards for Publication of Therapeutic Research
J Chron Dis 33 (1980) 56-66

79. Feller, W.:
An Introduction to Probability Theory and Its Applications
Wiley: New York 1968

80. Fields, W.S.; Maslenikov, V.; Meyer, J.:
Joint Study of Extracranial Arterial Occlusion
JAMA 211 (1970) 1993-2003

81. Fishman, G.S.:
Principles of Discrete Event Simulation
Wiley: New York (1978)

82. Flamant, R. (ed.):
Controlled Therapeutic Trials in Cancer - Guidelines
UICC: Genf (1972)

83. Flehinger, B.J.; Louis, T.A.:
Sequential Treatment Allocation in Clinical Trials
Biometrika 58 (1971) 419-426

84. Fleming, T.R.
One-Sample Multiple Testing Procedure for Phase II Clinical Trials
Biometrics 38 (1982) 143-151

85. Fleming, T.R.; O'Fallon, J.R.; O'Brien, P.C.; Harrington, D.P.:
Modified Kolmogorov-Smirnov Test Procedures with Application to Arbitrarily Right-Censored Data
Biometrics 36 (1980) 607-625

86. Food and Drug Administration
General Statistical Documentation Guide for Protocol Development and NDA Submissions
FDA: Rockville (1980) 1-18

87. Friedman, L.M.; Furberg, C.D.; DeMets, D.L.:
Fundamentals of Clinical Trials
Wright: Boston (1981)

88. Gail, M.H.:
Monitoring and Stopping Clinical Trials
in: Miké, V.; Stanley, K.E. (eds.)
Statistics in Medical Research
Wiley: New York (1982) 455-484

89. Gail, M.H.; Green, S.B.; Byar, D.P.:
Comparison of Four Tests for Equality of Survival
Curves in the Presence of Statification and Censoring
Biometrika 66 (1979) 419-428

90. Galabos, J.:
Bonferroni Inequalities
Annals of Probability 5 (1977) 577-581

91. Gehan, A.E.:
A Generalized Wilcoxon Test for Comparing Arbitrarily
Singly-Censored Samples
Biometrika 52 (1965) 203-223

92. Gehan, E.A.:
A Generalized Two-Sample Wilcoxon Test for Doubly
Censored Data
Biometrika 52 (1965) 650-653

93. Gehan, E.A.:
Estimating Survival Functions from the Life Table
J Chron Dis 21 (1969) 629-644

94. Gehand, E.A.:
Statistical Methods for Survival Time Studies
In: Staquet, M.J. (ed.) Cancer Therapy: Prognostic
Factors and Criteria of Response
Raven Press: New York (1975) 7-35

95. Gehan, E.A.:
Statistical and Data Management Activities Manual of
the Southwest Oncology Group and Pediatric Intergroup Studies
SWOG: Houston (1980) 1-57

96. George, S.L.:
Sequential Clinical Trials in Cancer Research
Cancer Treatment Reports 64 (1980) 393-397

97. Gould, A.L.:
A New Approach to the Analysis of Clinical Drug
Trials with Withdrawals
Biometrics 36 (1980) 721-727

98. Gould, A.L, Pecore, V.J.:
Group Sequential Methods for Clinical Trials Allowing
Early Acceptance of H_0 and Incorporating Costs
Biometrika 69 (1982) 75-80

99. Greenberg, B.G.:
Conduct of Cooperative Field and Clinical Trials
Am Stat 13 (1959) 13-28

100. Halperin, M.:
Extension of the Wilcoxon-Mann-Whitney Test to Samples
Censored at the Same Fixed Point
JASA 55 (1960) 125-138

101. Halperin, M.; Ware, J.:
Early Decision in a Censored Wilcoxon Two-Sample
Test for Accumulating Survival Data
JASA 69 (1974) 414-422

102. Hasford, J.:
20 Years of Adverse Drug Reaction Monitoring: A Review
In: O'Moorc, R.R.; Barber, B.; Reichertz, P.L.;
Roger, F. (eds.)
Medical Informatics Europe 82
Springer: Berlin-Heidelberg-New York (1982) 372-379

103. Hasford, J.:
Compliance
In: Kuemmerle, H.P.; Hitzenberger, G., Spitzy, K.H. (Hrsg.)
Klinische Pharmakologie - Grundlagen, Methoden, Pharmakotherapie
Ecomed: Landsberg-München (1984) II - 2.14, 1-10

104. Havelec, L.; Scheiber, V.; Wohlzogen, F.X.:
Sequentielle Mehrstufenpläne für die klinische Forschung
Wiener Klin Wschr 5 (1974) 135-139

105. Haynes, R.B.; Taylor, D.W.; Sackett, D.L. (eds.):
Compliance in Health Care
Johns Hopkins University Press: Baltimore (1979)

106. Hayre, L.S.:
Two-Population Sequential Tests with Three Hypotheses
Biometrika 66 (1979) 465-474

107. Heady, J.A.:
A Cooperative Trial on the Primary Prevention of Ischaemic Heart Disease Using Clofibrate: Design, Methods and Progress
Bull WHO 48 (1973) 243-256

108. Heady, J.A.:
A Cooperative Trial in the Primary Prevention of Ischaemic Heart Disease Using Clofibrate: Some Statistical Aspects
Controlled Clinical Trials 1 (1981) 383-392

109. Hecker, H.:
Alternativen sequentieller Auswertungsverfahren bei Therapiestudien
In: Victor, N.; Dudeck, J.; Broszio, E.P. (Hrsg.)
Therapiestudien - Springer: Berlin-Heidelberg-New York (1981) 277-288

110. Hill, C.; Sancho-Garnier, H.:
Interim Analysis and Early Results in Clinical Trials
In: Tagnon, H.J.; Staquet, M.J. (eds.)
Controversies in Cancer-Design of Trials and Treatment
Masson: New York (1979) 51-53

111. Hoel, D.G.; Weiss, G.H.; Simom, R.:
Sequential Tests for Composite Hypotheses with Two
Binomial Populations
J Roy Statist Soc B 38 (1976) 302-308

112. Hoel, D.G; Sobel, M.; Weiss, G.H.:
A Two-Sample Procedure for Choosing the Better of two
Binomial Populations
Biometrika 59 (1972) 317-322

113. Holm, S.:
A Simple Sequentially Rejective Multiple Test Procedure
Scand Statist 6 (1977) 65-70

114. Hommel, G.:
Entwicklung einer statistischen Teststrategie für komplexe
medizinische Fragestellungen
Habilitationsschrift, Erlangen 1979

115. Hommel, G.:
Test der Globalhypothese und ihrer Implikation für die
Kombination mehrerer Einzeltests
In: Köpcke, W.; Überla, K. (Hrsg.)
Biometrie - heute und morgen
Springer: Berlin-Heidelberg-New York (1980) 327-334

116. Hyde, J.:
Testing Survival under Right Censoring and Left Truncation
Biometrika 64 (1977) 225-230

117. Ihm, P.; Victor, N.:
Patientenaufklärung in Therapiestudien aus biometrischer Sicht
In: Victor, N.; Dudeck, J.; Broszio, E.P. (Hrsg.)
Therapiestudien - Springer: Berlin-Heidelberg-New York (1981) 135-142

118. Immich, H.:
Die Clofibratstudie
Dtsch Ärztebl 76 (1979) 1441-1443

119. Jesdinsky, H.J.; (Hrsg.):
Memorandum zur Planung und Durchführung kontrollierter Therapiestudien
Schattauer: Stuttgart (1978)

120. Jesdinsky, H.J.:
Statistische Auswertung
Fülgraff, G.; Kewitz, H.; (Hrsg.) Arzneimittelprüfung durch den niedergelassenen Arzt - Fischer: Stuttgart (1979) 96-123

121. Jesdinsky, H.J.:
Planung einer Studie
Fülgraff, G.; Kewitz, H.; (Hrsg.) Arzneimittelprüfung durch den niedergelassenen Arzt - Fischer: Stuttgart (1979) 44-59

122. Joe, H.; Koziol, J.A.; Petkau, A.J.:
Comparison of Procedures for Testing the Equality of Survival Distributions
Biometrics 37 (1981) 327-340

123. Jöckel, K.H.:
Einige Aspekte zur Beurteilung statistischer Verfahren mittels Simulation
EDV in Medizin und Biologie 11 (1980) 83-89

124. Johnson, N.L.:
Sequential Analysis: a Survey
J Roy Statist Soc A 124 (1961) 372-411

125. Johnson, R.A.; Mehrotra, K.G.:
Locally most Powerful Rank Test for the Two-Sample Problem with Censored Data
Ann Math Stat 43 (1972) 823-831

126. Jones, D.; Whitehead, J.:
Sequential Forms of the Log Rank and Modified Wilcoxon Tests for Censored Data
Biometrika 66 (1979) 105-113

127. Kalbfleisch, J.D.:
Some Efficiency Calculations for Survival Distributions
Biometrika 61 (1974) 31-38

128. Kalbfleisch, J.D.:
Non-Parametric Bayesian Analysis for Survival Time Data
J Roy Stat Soc B 40 (1978) 214-221

129. Kalbfleisch, J.D.:
Likelihood Methods and Nonparametric Tests
JASA 73 (1979) 167-170

130. Kalbfleisch, J.D.; Prentice, R.L.:
The Statistical Analysis of Failure Time Data
Wiley: New York (1980)

131 Karrison, T.:
Data Editing in Clinical Trials
Controlled Clinical Trials 2 ((1981) 15-29

132. Kennedy, W.J.; Gentle, J.E.:
Statistical Computing
Marcel Dekker: New York (1980)

133. Kilo, C.; Miller, P.J.; Williamson, J.R.:
The Achilles Heel of the University Group Diabetes Program
JASA 243 (1980) 450-457

134. Klimt, C.R.:
Terminating a Long-Term Clinical Trial
Controlled Clinical Trials 1 (1981) 319-325

135. Klimt, C.R.; Canner, P.L.:
Terminating a Long-Term Clinical Trial
Clin Pharm Ther 25 (1979) 641-646

136. Knatterud, D.L.:
Methods of Quality Control and of Continuous Audit Procedures for Clinical Trials
Controlled Clinical Trials 1 (1981) 327-332

137. Knuth, D.C.:
The Art of Computer Programming
Addison-Wesley: New York (1969)

138. Köpcke, W.:
Problematik experimenteller Therapieevaluation
Medizin-Mensch-Gesellschaft 5 (1980) 4-9

139. Köpcke, W.:
Strategien zum Abbruch von Therapiestudien bei zensierten Lebensdauerdaten
In: Victor, N,; Dudeck, J.; Broszio, E.P. (Hrsg.)
Therapiestudien - Springer: Berlin-Heidelberg-New York (1981) 289-298

140. Köpcke, W.:
Therapeutische Studien - Zwischenauswertungen und vorzeitiger Abbruch
MMW 124 (1982) 441-443

141. Köpcke, W.; Messerer, D.; Selbmann, H.K.:
Strategien zum Abbruch von kontrollierten Therapiestudien -Probleme und gegenwärtige diskutierte Ansätze
In: Horbach, L.; Duhme, C.; (Hrsg.); Nachsorge und Krankheitsverlaufsanalyse, Springer: Berlin-Heidelberg-New York (1981) 580-588

142. Köpcke, W.; Überla, K.:
Dokumentation und Datenverarbeitung
In: Kuemmerle, H.P.; Hitzenberger, G., Spitzy, K.H. (Hrsg.); Klinische Pharmakologie - Grundlagen, Methoden, Pharmakotherapie
Ecomed: Landsberg - München (1984) II - 1.2.3, 1-26

143. Kohnen, R.; Krüger, H.-P.; Lienert, G.A.:
Drei Forderungen zur Prüfung der Homogenität von Zentren bei Multicenter-Studien
In: Victor, N.; Dudeck, J.; Broszio, E.P. (Hrsg.); Therapiestudien - Springer: Berlin-Heidelberg-New York (1981) 299-308

144. Koller, S.:
Kriterien zur Beurteilung von Veröffentlichungen über Therapieerfolge und -nebenwirkungen
In: Victor, N.; Dudeck, J.; Broszio, E.P. (Hrsg.); Therapiestudien - Springer: Berlin-Heidelberg-New York (1981) 87-96

145. Koziol, J.A.; Byar, D.P.:
Percentage Points of the Asymtotic Distributions of One and Two K-S Statistics for Truncated or Censored Data
Technometrics 17 (1975) 507-510

146. Koziol, J.A.; Petkau, A.J.:
Sequential Testing of the Equality of Two Survival Distributions Using the Modified Savage Statistic
Biometrika 65 (1978) 615-623

147. Koziol, J.A.; Reid, N.:
On Multiple Comparisons Among K Sample Subjects to Unequal Patterns of Censorship
Comm Stat Theor Meth A 6 (1977) 1149-1164

148. Krauth, J.:
Möglichkeiten der Verwendung sequentieller Zweistichproben-Rangtests in der Therapieforschung
In: Victor, N.; Dudeck, J.; Broszio, E.P. (Hrsg.); Therapiestudien - Springer: Berlin-Heidelberg-New York (1981) 266-276

149. Kunz, E.; Neiß, A.:
Ein Programm zur Bestimmung des benötigten Stichprobenumfangs für Therapiestudien mit exponentialverteilter Lebensdauer als Zielvariablen
Statistical Software Newsletter 2 (1981) 53-57

150. Lachin, J.M.:
Sequential Clinical Trials for Normal Variates Using Interval Composite Hypotheses
Biometrics 37 (1981) 87-101

151. Lagakos, S.W.:
Interpretations of Survival-Type Data Arising from Clinical Trials
Seminar in Oncology 1 (1974) 279-284

152. Lagakos, S.W.:
General Right Censoring and its Impact on the Analysis of Survival Data
Biometrics 35 (1979) 139-156

153. Lagakos, S.W.; Williams, J.S.:
Models for Censored Survival Analysis - A Cone Class of Variable - Sum Models
Biometrika 65 (1978) 181-189

154. Lai, T.L.:
Optimal Stopping and Sequential Tests which Minimize the Maximum Expected Sample Size
Ann Statist 1 (1973) 659-673

155. Lee, E.T.; Desu, M.M.; Gehan, E.A.:
A Monte Carlo Study of the Power of Some Two-Sample Tests
Biometrika 62 (1975) 425-432

156. Lee, E.T.; McNeer, J.F.; Starmer, C.F.:
Clinical Judgment and Statistics:
Lessons from a Simulated Randomized Trial in Coronary Artery Disease
Circulation 61 (1980) 508-515

157. Lehmann, E.L.:
Testing Statistical Hypothesis
Wiley: New York (1959)

158. Levine, R.J.:
Ethics and Regulation of Clinical Research
Urban & Schwarzenberg: Baltimore-München (1981)

159. Lienert, G.A.:
Verteilungsfreie Methoden in der Biostatistik-Band II
Hain: Meisenheim (1978)

160. Lininger, L.; Gail, M.H.; Green, S.B.; Byar, D.P.:
Comparison of Four Tests for Equality of Survival Curves in the Presence of Stratification and Censoring
Biometrika 66 (1979) 419-428

161. Louis, T.A.:
Optimal Allocation in Sequential Tests Comparing the Means of Two Gaussian Populations
Biometrika 62 (1975) 359-369

162. Louis, T.A.:
Sequential Allocation in Clinical Trials Comparing
Two Exponential Survival Curves
Biometrics 33 (1977) 627-634

163. Mantel, N.:
Evaluation of Survival Data and Two Rank Order
Statistics Arising in its Consideration
Cancer Chemotherapy Reports 50 (1966) 163-170

164. McPherson, K.:
Statistics: The Problem of Examining Accumulating Data
More than Once
New Engl J Med 290 (1974) 501-502

165. McPherson, K.:
Sequential Analysis in Clinical Trials
In: Johnson, N.F.; Johnson, S. (eds.); Clinical Trials
Blackwell: Oxford (1977) 108-127

166. McPherson, K.:
On Choosing the Number of Interim Analyses in Clinical Trials
Statistics in Medicine 1 (1982) 25-36

167. McPherson, K.; Armitage, P.:
Repeated Significance Test on Accumulating Data when
the Null Hypothesis is not True
J Roy Statist Soc A 134 (1971) 15-25

168. Meier, P.:
Statistics and Medical Experimentation
Biometrics 31 (1975) 511-529

169. Meier, P.:
Terminating a Trial - the Ethical Problem
Clin Pharmacol Ther 25 (1979) 633-640

170. Mendoza, G.; Iglewicz, B.:
A Three-Phase Sequential Model for Clinical Trials
Biometrika 64 (1977) 549-556

171. Miller, R.G.:
Simultaneous Statistical Inference
Springer: Berlin-Heidelberg-New York (1981)

172. Miller, R.G.; Gong, G.; Munoz, A.:
Survival Analysis
Wiley: New York (1981)

173. Morgenstern, D.:
Berechnung des maximalen Signifikanzniveau des Tests "Lehne H_0 ab, wenn k unter n gegebenen Tests zur Ablehnung führen".
Metrika 27 (1980) 285-286

174. Muenz, L.R.; Grenn, S.B.; Byar, D.P.:
Applications of the Mantel-Haenszel Statistics to the Comparison of Survival Distributions
Biometrics 33 (1977) 617-626

175. Nagelkerke, N.J.; Hart, A.A.M.:
The Sequential Comparison of Survival Curves
Biometrika 67 (1980) 247-249

176. National Institutes of Health:
Inventory of Clinical Trials Fiscal Year 1975
U.S. Government Printing Office: Washington (1977)

177. National Institutes of Health
Clinical Trials Activity
NIH Guide for Contracts and Grants 8-8
NIH: Bethesda (1979)

178. Neiß, A.:
Die Therapiestudie als Entscheidungsprozeß
In: Victor, N.; Dudeck, J.; Broszio, E.P. (Hrsg.);
Therapiestudien - Springer: Berlin-Heidelberg-New York (1981) 59-64

179. Neiß, A.; Köpcke, W.; Überla, K.:
Fallzahlschätzungen und Zwischenauswertungen
Der Internist 23 (1982) 195-200

180. N.N.:
The Scientific and Ethical Basis of the Clinical Evaluation of Medicines - Report of an International Conference
Eur J Clin Pharmacol 18 (1980) 129-134

181. Norwegian Multicenter Study Group
Timolol-Induced Reduction in Mortality and Reinfarction in Patients Surviving Acute Myocardial Infarction
New Engl J Med 304 (1981) 801-838

182. Numerical Algorithmus Group:
NAG - Mark 7 - FORTRAN
NAG Ltd.: Oxford 1980

183. O'Brien, P.C.; Fleming, T.R.:
A Multiple Testing Procedure for Clinical Trials
Biometrics 35 (1979) 549-556

184. Oliver, M.F.; Heady, J.A.; Morris, N.; Cooper, J.:
A Cooperative Trial in the Primary Prevention of Ischaemic Heart Disease Using Clofibrate
Br Heart J 40 (1978) 1069-1118

185. Oliver, M.F.; Heady, J.A.; Morris, N.; Cooper, J.:
Primary Prevention of Ischaemic Heart Disease:
WHO Coordinated Cooperative Trial, a Summary Report
Bull WHO 57 (1979) 801-805

186. Oliver, M.F.; Heady, J.A.; Morris, N.; Cooper, J.:
WHO Cooperative Trial on Primary Prevention of Ischaemic Heart Disease Using Clofibrate to Lower Serum Cholesterol:
Mortality Follow-up
Lancet (1980) 379-385

187. Pasternack, B.S.; Shore, R.E.:
Group Sequential Methods for Cohort and Case-Control Studies
J Chron Dis 33 (1980) 365-373

188. Petkau, A.J.:
Sequential Medical Trials for Comparing an Experimental with Standard Treatment
JASA 73 (1978) 328-338

189. Peto, R.:
Rank tests of Maximal Power against Lehmann-type Alternatives
Biometrika 59 (1972) 472-475

190. Peto, R.; Peto, J.:
Asymptotically Efficient Rank Invariant Test Procedures
J Roy Statist Soc 135 (1972) 185-198

191. Peto, R.; Pike, M.C.:
Conservatism of the Approximation Σ $(O-E)^2/E$ in the Logrank Test for Survival Data for Tumor Indidence Data
Biometrics 29 (1973) 579-584

192. Peto, P.; Pike, M.C.; Armitage, P.; Breslow, N.E.; Cox, D.R.; Howard, S.V.; Mantel, N.; McPherson, K.; Peto, J.; Smith, P.G.:
Design and Analysis of Randomized Clinical Trials Requiring Prolonged Observation of each Patient
I. Introduction and Design
Br J Cancer 34 (1976) 585-612

193. Peto, P.; Pike, M.C.; Armitage, P.; Breslow, N.E.; Cox, D.R.; Howard, S.V.; Mantel, N.; McPherson, K.; Peto, J.; Smith, P.G.:
Design and Analysis of Randomized Clinical Trials Requiring Prolonged Observation of each Patient
II. Analysis and Examples
Br J Cancer 35 (1977) 1-39

194. Pocock, S.J.:
Group Sequential Methods in the Design and Analysis of Clinical Trials
Biometrika 64 (1977) 191-199

195. Pocock, S.J.:
Size of Cancer Clinical Trials and Stopping Rules
Br J Cancer 38 (1978) 757-766

196. Pocock, S.J.:
Can Sequential Methods be Used for the Analysis of Cancer Clinical Trials ?
Tagnon, H.J.; Staquet, M.J. (eds.); Controversies in Cancer-Masson: New York (1979) 63-74

197. Pocock, S.J.:
Interim Analyses and Stopping Rules for Clinical Trials
in: Bithell, J.F.; Coppi, R. (eds.);
Perspectives in Medical Statistics - Academic Press: London (1981) 191-223

198. Pocock, S.J.:
Interim Analyses for Randomized Clinical Trials:
The Group Sequential Approach
Biometrics 38 (1982) 153-162

199. Pocock, S.J.:
Clinical Trials - A Practical Approach
Wiley: New York (1983)

200. Prentice, R.L.:
Linear Rank Tests with Right Censored Data
Biometrika 65 (1978) 167-179

201. Prentice, R.L.; Marek, P.:
A Quantitive Discrepancy between Censored Data Rank Tests
Biometrics 35 (1979) 361-876

202. Prescott, R.J.:
Feedback of Data to Participants during Clinical Trials
In: Tagnon, H.J.; Staquet, M.J. (eds.); Controversies in Cancer - Design of Trials and Treatment
Masson:New York (1979) 55-61

203. Prout, T.E.:
Patient Recruitment Techniques in Clinical Trials
Controlled Clinical Trials 1 (1981) 313-318

204. Rao, C.R.:
Linear Statistical Inference and its Applications
Wiley: New York (1973)

205. Reynolds, M.R.:
A Sequential Signed-Rank-Test for Symmetry
Ann Stat 3 (1975) 382-400

206. Robbins, H.; Siegmund, D.:
Boundary Crossing Probabilities for the Wiener Process and Sample Sums
Ann Math Statist 41 (1970) 1410-1429

207. Rüger, B.:
Das maximale Signifikanzniveau des Tests "Lehne H_0 ab, wenn k unter n gegebenen Tests zur Ablehnung führen"
Metrika 25 (1978) 141-158

208. Rüger, B.:
Scharfe untere und obere Schranken für die Wahrscheinlichkeit der Realisation von k unter n Ereignissen
Metrika 28 (1981) 71-77

209. Sachs, L.:
Angewandte Statistik
Springer: Berlin-Heidelberg-New York (1976)

210. Sackett, D.L.; Gent, M.:
Controversy in Counting and Attributing Events in Clinical Trials
New Engl J Med 301 (1979) 1410-1412

211. Samson, E.:
Typische Rechtsprobleme bei der Planung und Durchführung von kontrollierten Therapiestudien
In: Victor, N.; Dudeck, J.; Broszio, E.P. (Hrsg.); Therapiestudien - Springer: Berlin-Heidelberg-New York (1981) 129-134

212. Samuel-Cahn, E.:
Two Kinds of Repeated Significance Tests, and their Application for the Uniform Distribution
Comm Statist 3 (1974) 419-431

213. Samuel-Cahn, E.:
Repeated Significance Test II, for Hypotheses about the Normal Distribution
Comm Statist 3 (1974) 711-733

214. Samuel-Cahn, E.:
Repeated Significance Tests I ans II. Generalizations
Comm Statist 3 (1974) 735-744

215. Samuelson, P.A.:
Exact Distribution of Continuous Variables in Sequential Analysis
Econometrics 16 (1948) 191-198

216. Selbmann, H.K.:
Probleme bei der Durchführung multizentrischer kontrollierter Studien aus statistischer Sicht
Arzt und Krankenhaus 56 (1983) 70-74

217. Sen, P.K.:
Nonparametric Repeated Significance Tests
Developments in Statistics 1 (1978) 227-265

218. Sen, P.K.:
Sequential Nonparametrics - Invariance Principles and Statistical Inference
Wiley : New York (1981)

219. Siegmund, D.:
Repeated Significance Test for a Normal Mean
Biometrika 64 (1977) 177 - 189

220. Siegmund, D.:
Estimation Following Sequential Tests
Biometrika 65 (1978) 341-349

221. Siegmund, D.:
Sequential χ^2 and F tests and the Related Confidence Intervals
Biometrika 67 (1980) 389-402

222. Sonnemann, E.:
Allgemeine Lösungen multipler Testprobleme
EDV in Medizin und Biologie 13 (1982) 120-128

223. Sverdrup, E.:
Basic Concepts of Statistical Inference
Vol II, North Holland: Amsterdam (1967)

224. Schewe, G.:
Sind kontrollierte Therapiestudien aus Rechtsgründen undurchführbar ?
In: Victor, N.; Dudeck, J.; Broszio, E.P. (Hrsg.); Therapiestudien - Springer: Berlin-Heidelberg-New York (1981) 143-152

225. Schneiderman, M.A.; Armitage, P.:
A Family of Closed Sequential Procedures
Biometrika 49 (1962) 41-56

226. Schneiderman, M.A.; Armitage, P.:
Closed Sequential T-Tests
Biometrika 49 (1962) 359-366

227. Schoenfeld, D.:
The Asymtotic Properties of Nonparametric Tests for Comparing Survival Distributions
Biometrika 68 (1981) 316-319

228. Schor, S.:
The University Group Diabetes Program
A Statistician Looks at the Mortality Results
JAMA 217 (1971) 1671-1675

229. Schumacher, M.:
Power and Sample Size Determination in Survival Time Studies with Special Regard to the Censoring Mechanism
Methods of Information in Medicine 20 (1981) 110-115

230. Schwartz, D.; Flamant, R.; Lellouch, J.:
Clinical Trials
Academic Press: London (1980)

231. Tarone, R.E.:
On the Distribution of the Maximum of the Logrank Statistic and the Modified Wilcoxon Statistic
Biometrics 37 (1981) 79-85

232. Tarone, R.E.; Ware, J.:
On Distribution - Free Tests for Equality of Survival Distributions
Biometrika 64 (1977) 156-160

233. Taylor, D.W. Sackett, D.L.; Haynes, R.B.:
Development of a Stopping Rule for the ECIC Trial - a Computer Simulation Approach
Annual Conference of the Society for Clinical Trials Philadelphia (1980)

234. Thompson, E.I.:
Application of Restricted Sequential Design in a Clinical Protocol
Cancer Treatment Reports 64 (1980) 399-403

235. Überla, K.:
Die biometrische Planung und Auswertung klinischer Prüfungen
In: von Eichstedt, K.W.; Gross,F. (Hrsg.); Klinische Arzneimittelprüfung - Fischer:Stuttgart (1975) 137-144

236. Überla, K.:
Practical Problems in Long-term Clinical Trials
in: Bithell, J.F.; Coppi, R. (eds.)
Perspectives in Medical Statistics-Academic Press: London (1981) 173-189

237. Überla, K.:
Therapiestudien: Indikation, Erkenntniswert und Herausforderung
In: Victor, N.; Dudeck, J.; Broszio, E.P. (Hrsg.); Therapiestudien - Springer: Berlin-Heidelberg-New York (1981) 8-21

238. Überla, K.:
Welche ethischen Fragen wirft die Biometrie bei kontrollierten randomisierten klinischen Prüfungen auf und wie löst sie diese ?
In: Victor, N.; Dudeck, J.; Broszio, E.P. (Hrsg.)
Therapiestudien - Springer: Berlin-Heidelberg-New York (1981) 122-128

239. University Group Diabetes Program:
A Study of the Effects of Hypoglycemic Agents on Vascular Complications in Patients with Adult-onset Diabetes: I Design, Methods and Baseline Characteristics
Diabetes 19 (1970) 747-783

240. University Group Diabetes Program:
A Study of the Effects of Hypoglycemic Agents on Vascular Complications in Patients with Adult-onset Diabetes: II Mortality Results
Diabetes 19 (1970) 789-830

241. University Group Diabetes Program:
A Study of the Effects of Hypoglycemic Agents on Vascular Complications in Patients with Adult-onset Diabetes: III Clinical Implications of UGDP Results
JAMA 218 (1971) 1400-1410

242. University Group Diabetes Program:
A Study of the Effects of Hypoglycemic Agents on Vascular Complications in Patients with Adult-onset Diabetes: IV A Preliminary Report on Phenformin Results
JAMA 217 (1971) 777-784

243. University Group Diabetes Program:
A Study of the Effects of Hypoglycemic Agents on Vascular Complications in Patients with Adult-onset Diabetes: V Evaluation of Phenformin Therapy
Diabetes 24 (1975) 65-184

244. University Group Diabetes Program:
A Study of Effects of Hypoglycemic Agents on Vascular Complications in Patients with Adult-onset Diabetes: VI Supplementary Report on Nonfatal Events in Patients Treated with Tolbutamide
Diabetes 25 (1976) 1129-1153

245. University Group Diabetes Program:
A Study of the Effects of Hypoglycemic Agents on Vascular Complications in Patients with Adult-onset Diabetes: VII Mortality and Selected Nonfatal Events with Insulin Treatment
JAMA 42 (1978) 37-42

246. Victor, N.:
Therapiestudien: Herausforderung für den Biometriker
In: Victor, N.; Dudeck, J.; Broszio, E.P. (Hrsg.); Therapiestudien - Springer: Berlin-Heidelberg-New York (1981) 50-58

247. Wald, A.:
Sequential Analysis
Wiley: New York (1947)

248. Wald, A.; Wolfowitz, J.:
Optimum Character of the Sequential Probability Ratio Test
Ann Math Statist 19 (1948) 326-339

249. Wetherill, G.B.:
Sequential Methods in Statistics
Chapmann and Hall: London (1975)

250. Whitehead, J.:
The Design and Analysis of Sequential Clinical Trials
Ellis Horwood: Chichester (1983)

251. Whitehead, J.; Jones, D.:
The Analysis of Sequential Clinical Trials
Biometrika 66 (1979) 443-452

252. Woodroffe, M.:
Repeated Likelihood Ratio Tests
Biometrika 66 (1979) 453-463

253. Wolf, G.T.; Makuch, R.W.:
A Classification System for Protocol Deviations
in Clinical Trials
Cancer Clin Trials 3 (1980) 101-103

Anhang:

Gruppensequentielle Pläne:

Plan I : Pocock
Plan II : O'Brien-Fleming
Plan III : gemischte Strategie I
Plan IV : gemischte Strategie II

Tabellen A 1 bis A 8
k - Werte und zugehörige Einzel-signifikanzniveaus

Tabellen B 1 bis B 8
Werte des Abstandparameters
$\Delta = \sqrt{n} \; . \; \delta / \sqrt{2} \; . \; \sigma$

Tabellen C 1 bis C 8
durchschnittliche Testzahl
$E\ (J/H_1)$

Tabellen D 1 bis D 8
Maximale Fahlzahl N

Tabellen E 1 bis E 8
durchschnittliche Fallzahl
$E\ (N/H_1)$

Tabelle A 1 Gruppensequentielle Pläne J = 3

k-Werte und zugehörige Einzelsignifikanzniveaus

Test-nr. j \ Testplan	$2\alpha = 0{,}10$				$2\alpha = 0{,}05$				$2\alpha = 0{,}01$			
	Plan I	Plan II	Plan III	Plan IV	Plan I	Plan II	Plan III	Plan IV	Plan I	Plan II	Plan III	Plan IV
1	1,99219	2,96112	2,18629	2,62145	2,28947	3,47110	2,52860	3,04557	2,87293	4,49450	3,21820	3,88750
2	1,99219	2,09383	2,18629	1,85365	2,28947	2,45444	2,52860	2,15354	2,87293	3,17809	3,21820	2,74888
3	1,99219	1,70960	1,78510	1,85365	2,28947	2,00404	2,06459	2,15354	2,87293	2,59490	2,62765	2,74888
1	0,04635	0,00307	0,02879	0,00876	0,02205	0,00052	0,01145	0,00232	0,00407	$7*10^{-6}$	0,00129	0,00010
2	0,04635	0,03628	0,02879	0,06379	0,02205	0,01411	0,01145	0,03128	0,00407	0,00148	0,00129	0,00598
3	0,04635	0,08734	0,07425	0,06379	0,02205	0,04507	0,03896	0,03128	0,00407	0,00946	0,00860	0,00598

<u>Tabelle A 2</u> Gruppensequentielle Pläne J = 4
k-Werte und zugehörige Einzelsignifikanzniveaus

Test-nr. j \ Testplan	2 α = 0,10				2 α = 0,05				2 α = 0,01			
	Plan I	Plan II	Plan III	Plan IV	Plan I	Plan II	Plan III	Plan IV	Plan I	Plan II	Plan III	Plan IV
1	2,06741	3,46620	2,49374	2,64964	2,36129	4,04860	2,88903	3,06459	2,93864	5,21820	3,69700	3,89500
2	2,06741	2,45097	2,49374	1,87358	2,36129	2,86279	2,88903	2,16699	2,93864	3,68982	3,69700	2,75418
3	2,06741	2,00121	2,03613	1,87358	2,36129	2,33746	2,35889	2,16699	2,93864	3,01273	3,01859	2,75418
4	2,06741	1,73310	1,76334	1,87358	2,36129	2,02430	2,04286	2,16699	2,93864	2,60910	2,61418	2,75418
1	0,03870	0,00053	0,01264	0,00806	0,01821	0,00005	0,00386	0,00218	0,00330	$2*10^{-7}$	0,00022	0,00010
2	0,03870	0,01425	0,01264	0,06099	0,01821	0,00420	0,00386	0,03024	0,00330	0,00022	0,00022	0,00588
3	0,03870	0,04537	0,04174	0,06099	0,01821	0,01942	0,01833	0,03024	0,00333	0,00259	0,00254	0,00588
4	0,03870	0,08308	0,07784	0,06099	0,01821	0,04294	0,04107	0,03024	0,00330	0,00908	0,00895	0,00588

Tabelle A 3 Gruppensequentielle Pläne J = 5

k-Werte und zugehörige Einzelsignifikanzniveaus

Test-nr. j \ Testplan	2 α = 0,10				2 α = 0,05				2 α = 0,01			
	Plan I	Plan II	Plan III	Plan IV	Plan I	Plan II	Plan III	Plan IV	Plan I	Plan II	Plan III	Plan IV
1	2,12168	3,91505	2,36437	3,36078	2,41317	4,56173	2,71192	3,87518	2,98625	5,86110	3,41990	4,89417
2	2,12168	2,76836	2,36437	2,37643	2,41317	3,22563	2,71192	2,74017	2,98625	4,14442	3,41990	3,46070
3	2,12168	2,26036	2,36437	1,94035	2,41317	2,63372	2,71192	2,23734	2,98625	3,38391	3,41990	2,82565
4	2,12168	1,95753	2,04760	1,94035	2,41317	2,28087	2,34859	2,23734	2,98625	2,93055	2,96172	2,82565
5	2,12168	1,75086	1,83143	1,94035	2,41317	2,04007	2,10064	2,23734	2,98625	2,62116	2,64904	2,82565
1	0,03386	0,00009	0,01806	0,00078	0,01581	$5*10^{-6}$	0,00669	0,00011	0,00282	$5*10^{-9}$	0,00063	$1*10^{-6}$
2	0,03386	0,00563	0,01806	0,01748	0,01581	0,00126	0,00669	0,00614	0,00282	0,00003	0,00063	0,00054
3	0,03386	0,02380	0,01806	0,05234	0,01581	0,00845	0,00669	0,02526	0,00282	0,00071	0,00063	0,00472
4	0,03386	0,05029	0,04060	0,05234	0,01581	0,02256	0,01885	0,02526	0,00282	0,00338	0,00306	0,00472
5	0,03386	0,07997	0,06704	0,05234	0,01581	0,04134	0,03567	0,02526	0,00282	0,00876	0,00807	0,00472

Tabelle A 4 Gruppensequentielle Pläne J = 6

k-Werte und zugehörige Einzelsignifikanzniveaus

Test-nr. j \ Test-plan	$2\alpha = 0{,}10$				$2\alpha = 0{,}05$				$2\alpha = 0{,}01$			
	Plan I	Plan II	Plan III	Plan IV	Plan I	Plan II	Plan III	Plan IV	Plan I	Plan II	Plan III	Plan IV
1	2,16353	4,32307	2,55878	3,47159	2,45321	5,02829	2,94266	3,98431	3,02305	6,44556	3,73273	4,99817
2	2,16353	3,05687	2,55878	2,45478	2,45321	3,55554	2,94266	2,81734	3,02305	4,55770	3,73273	3,53424
3	2,16353	2,49593	2,55878	2,00432	2,45321	2,90308	2,94266	2,30035	3,02305	3,72135	3,73273	2,88569
4	2,16353	2,16154	2,21597	2,00432	2,45321	2,51415	2,58842	2,30035	3,02305	3,22278	3,23264	2,88569
5	2,16353	1,93334	1,98202	2,00432	2,45321	2,24872	2,27937	2,30035	3,02305	2,88254	2,89136	2,88569
6	2,16353	1,76489	1,80933	2,00432	2,45321	2,05279	2,08077	2,30035	3,02305	2,63139	2,63944	2,88569
1	0,03050	0,00002	0,01050	0,00052	0,01416	$5*10^{-7}$	0,00325	0,00007	0,00250	$1*10^{-10}$	0,00019	$6*10^{-7}$
2	0,03050	0,00224	0,01050	0,01410	0,01416	0,00038	0,00325	0,00484	0,00250	$5*10^{-6}$	0,00019	0,00041
3	0,03050	0,01256	0,01050	0,04504	0,01416	0,00370	0,00325	0,02143	0,00250	0,00020	0,00019	0,00391
4	0,03050	0,03065	0,02669	0,04504	0,01416	0,01193	0,01082	0,02143	0,00250	0,00127	0,00123	0,00391
5	0,03050	0,05319	0,04748	0,04504	0,01416	0,02453	0,02264	0,02143	0,00250	0,00395	0,00384	0,00391
6	0,03050	0,07758	0,07040	0,04504	0,01416	0,04009	0,03745	0,02143	0,00250	0,00850	0,00830	0,00391

Tabelle A 5 Gruppensequentielle Pläne J = 7

k-Werte und zugehörige Einzelsignifikanzniveaus

Test-nr. j \ Testplan	$2\alpha = 0{,}10$				$2\alpha = 0{,}05$				$2\alpha = 0{,}01$			
	Plan I	Plan II	Plan III	Plan IV	Plan I	Plan II	Plan III	Plan IV	Plan I	Plan II	Plan III	Plan IV
1	2,19726	4,69977	2,46066	3,97931	2,48549	5,45902	2,81009	4,57059	3,05276	6,98486	3,52649	5,74194
2	2,19726	3,32324	2,46066	2,81380	2,48549	3,86011	2,81009	3,23189	3,05276	4,93904	3,52649	4,06017
3	2,19726	2,71341	2,46066	2,29746	2,48549	3,15177	2,81009	2,63883	3,05276	4,03271	3,52649	3,31511
4	2,19726	2,34989	2,46066	1,98965	2,48549	2,72951	2,81009	2,28529	3,05276	3,49243	3,52649	2,87097
5	2,19726	2,10180	2,20088	1,98965	2,48549	2,44135	2,51342	2,28529	3,05276	3,12372	3,15419	2,87097
6	2,19726	1,91867	2,00912	1,98965	2,48549	2,22864	2,29443	2,28529	3,05276	2,85156	2,87937	2,87097
7	2,19726	1,77635	1,86009	1,98965	2,48549	2,06332	2,12423	2,28529	3,05276	2,64003	2,66578	2,87097
1	0,02800	$3*10^{-6}$	0,01387	0,00007	0,01294	$5*10^{-8}$	0,00495	$5*10^{-6}$	0,00227	$3*10^{-12}$	0,00042	$9*10^{-9}$
2	0,02800	0,00089	0,01387	0,00490	0,01294	0,00011	0,00495	0,00123	0,00227	$8*10^{-7}$	0,00042	0,00005
3	0,02800	0,00666	0,01387	0,02159	0,01294	0,00162	0,00495	0,00832	0,00227	0,00006	0,00042	0,00092
4	0,02800	0,01878	0,01387	0,04663	0,01294	0,00634	0,00495	0,02230	0,00227	0,00048	0,00042	0,00409
5	0,02800	0,03557	0,02774	0,04663	0,01294	0,01463	0,01196	0,02230	0,00227	0,00179	0,00161	0,00409
6	0,02800	0,05503	0,04452	0,04663	0,01294	0,02584	0,02177	0,02230	0,00227	0,00435	0,00399	0,00409
7	0,02800	0,07568	0,06287	0,04663	0,01294	0,03908	0,03365	0,02230	0,00227	0,00829	0,00768	0,00409

Tabelle A 6 Gruppensequentielle Pläne J = 8

k-Werte und zugehörige Einzelsignifikanzniveaus

Testnr. j \ Testplan	$2\alpha = 0,10$				$2\alpha = 0,05$				$2\alpha = 0,01$			
	Plan I	Plan II	Plan III	Plan IV	Plan I	Plan II	Plan III	Plan IV	Plan I	Plan II	Plan III	Plan IV
1	2,22531	5,05139	2,60201	4,07167	2,51233	5,86108	2,97913	4,66174	3,07749	7,48853	3,75867	5,82922
2	2,22531	3,57187	2,60201	2,87911	2,51233	4,14441	2,97913	3,29635	3,07749	5,29519	3,75867	4,12188
3	2,22531	2,91642	2,60201	2,35078	2,51233	3,38390	2,97913	2,69146	3,07749	4,32350	3,75867	3,36550
4	2,22531	2,52570	2,60201	2,03584	2,51233	2,93054	2,97913	2,33087	3,07749	3,74427	3,75867	2,91461
5	2,22531	2,25905	2,32730	2,03584	2,51233	2,62115	2,66461	2,33087	3,07749	3,34897	3,36185	2,91461
6	2,22531	2,06222	2,12453	2,03584	2,51233	2,39278	2,43245	2,33087	3,07749	3,05718	3,06894	2,91461
7	2,22531	1,90925	1,96693	2,03584	2,51233	2,21528	2,25201	2,33087	3,07749	2,83040	2,84129	2,91461
8	2,22531	1,78594	1,83990	2,03584	2,51233	2,07220	2,10656	2,33087	3,07749	2,64760	2,65778	2,91461
1	0,02606	$4*10^{-7}$	0,00927	0,00005	0,01199	$5*10^{-9}$	0,00289	$3*10^{-6}$	0,00209	$7*10^{-14}$	0,00017	$6*10^{-9}$
2	0,02606	0,00036	0,00927	0,00399	0,01199	0,00003	0,00289	0,00098	0,00209	$1*10^{-7}$	0,00017	0,00004
3	0,02606	0,00354	0,00927	0,01873	0,01199	0,00072	0,00289	0,00711	0,00209	0,00002	0,00017	0,00076
4	0,02606	0,01155	0,00927	0,04177	0,01199	0,00338	0,00289	0,01976	0,00209	0,00018	0,00017	0,00356
5	0,02606	0,02388	0,01995	0,04177	0,01199	0,00876	0,00771	0,01976	0,00209	0,00081	0,00077	0,00356
6	0,02606	0,03919	0,03363	0,04177	0,01199	0,01672	0,01500	0,01976	0,00209	0,00223	0,00215	0,00356
7	0,02606	0,05623	0,04919	0,04177	0,01199	0,02674	0,02432	0,01976	0,00209	0,00465	0,00449	0,00356
8	0,02606	0,07411	0,06578	0,04177	0,01199	0,03825	0,03516	0,01976	0,00209	0,00811	0,00787	0,00356

Tabelle A 7 Gruppensequentielle Pläne J = 9

k-Werte und zugehörige Einzelsignifikanzniveaus

Test-nr. j \ Testplan	$2\alpha = 0,10$				$2\alpha = 0,05$				$2\alpha = 0,01$			
	Plan I	Plan II	Plan III	Plan IV	Plan I	Plan II	Plan III	Plan IV	Plan I	Plan II	Plan III	Plan IV
1	2,24919	5,38236	2,52320	4,52205	2,53519	6,23953	2,87326	5,18158	3,09859	7,96240	3,59412	6,48816
2	2,24919	3,80590	2,52320	3,19757	2,53519	4,41201	2,87326	3,66393	3,09859	5,63027	3,59412	4,58782
3	2,24919	3,10751	2,52320	2,61081	2,53519	3,60239	2,87326	2,99159	3,09859	4,59709	3,59412	3,74594
4	2,24919	2,69118	2,52320	2,26102	2,53519	3,11977	2,87326	2,59079	3,09859	3,98120	3,59412	3,24408
5	2,24919	2,40706	2,52320	2,02232	2,53519	2,79040	2,87326	2,31727	3,09859	3,56089	3,59412	2,90159
6	2,24919	2,19734	2,30336	2,02232	2,53519	2,54728	2,62292	2,31727	3,09859	3,25064	3,28096	2,90159
7	2,24919	2,03434	2,13249	2,02232	2,53519	2,35832	2,42835	2,31727	3,09859	3,00950	3,03758	2,90159
8	2,24919	1,90295	1,99477	2,02232	2,53519	2,20601	2,27151	2,31727	3,09859	2,81513	2,84140	2,90159
9	2,24919	1,79412	1,88068	2,02232	2,53519	2,07984	2,14160	2,31727	3,09859	2,65413	2,67890	2,90159
1	0,02450	$7*10^{-8}$	0,01163	$6*10^{-6}$	0,01124	$4*10^{-10}$	0,00406	$2*10^{-7}$	0,00195	$2*10^{-15}$	0,00033	$9*10^{-11}$
2	0,02450	0,00014	0,01163	0,00139	0,01124	0,00001	0,00406	0,00025	0,00195	$2*10^{-8}$	0,00033	$4*10^{-6}$
3	0,02450	0,00189	0,01163	0,00903	0,01124	0,00032	0,00406	0,00278	0,00195	$4*10^{-6}$	0,00033	0,00018
4	0,02450	0,00712	0,01163	0,02376	0,01124	0,00181	0,00406	0,00958	0,00195	0,00007	0,00033	0,00118
5	0,02450	0,01608	0,01163	0,04314	0,01124	0,00526	0,00406	0,02049	0,00195	0,00037	0,00033	0,00371
6	0,02450	0,02800	0,02126	0,04314	0,01124	0,01086	0,00872	0,02049	0,00195	0,00115	0,00104	0,00371
7	0,02450	0,04132	0,03297	0,04314	0,01124	0,01836	0,01517	0,02049	0,00195	0,00262	0,00239	0,00371
8	0,02450	0,05705	0,04607	0,04314	0,01124	0,02738	0,02312	0,02049	0,00195	0,00488	0,00449	0,00371
9	0,02450	0,07279	0,06002	0,04314	0,01124	0,03754	0,03223	0,02049	0,00195	0,00795	0,00739	0,00371

Tabelle A 8 Gruppensequentielle Pläne J = 10

k-Werte und zugehörige Einzelsignifikanzniveaus

Test-nr. j \ Testplan	2 α = 0,10				2 α = 0,05				2 α = 0,01			
	Plan I	Plan II	Plan III	Plan IV	Plan I	Plan II	Plan III	Plan IV	Plan I	Plan II	Plan III	Plan IV
1	2,26989	5,69592	2,63377	4,60255	2,55501	6,59811	3,00621	5,26111	3,11682	8,41138	3,77838	6,56445
2	2,26989	4,02762	2,63377	3,25450	2,55501	4,66557	3,00621	3,72017	3,11682	5,94774	3,77838	4,64177
3	2,26989	3,28354	2,63377	2,65729	2,55501	3,80942	3,00621	3,03750	3,11682	4,85631	3,77838	3,78999
4	2,26989	2,84796	2,63377	2,30128	2,55501	3,29906	3,00621	2,63055	3,11682	4,20569	3,77838	3,28223
5	2,26989	2,54729	2,63377	2,05832	2,55501	2,95076	3,00621	2,35284	3,11682	3,76168	3,77838	2,93571
6	2,26989	2,32535	2,40429	2,05832	2,55501	2,69367	2,74428	2,35284	3,11682	3,43393	3,44917	2,93571
7	2,26989	2,15286	2,22594	2,05832	2,55501	2,49385	2,54071	2,35284	3,11682	3,17920	3,19332	2,93571
8	2,26989	2,01381	2,08218	2,05832	2,55501	2,33278	2,37662	2,35284	3,11682	2,97387	2,98707	2,93571
9	2,26989	1,89864	1,96309	2,05832	2,55501	2,19937	2,24070	2,35284	3,11682	2,80379	2,81624	2,93571
10	2,26989	1,80121	1,86235	2,05832	2,55501	2,08651	2,12571	2,35284	3,11682	2,65991	2,67172	2,93571
1	0,02331	$1*10^{-8}$	0,00844	$4*10^{-6}$	0,01062	$4*10^{-11}$	0,00265	$1*10^{-7}$	0,00183	$4*10^{-17}$	0,00016	$5*10^{-11}$
2	0,02321	0,00006	0,00844	0,00114	0,01062	$3*10^{-6}$	0,00265	0,00020	0,00183	$3*10^{-9}$	0,00016	$4*10^{-6}$
3	0,02321	0,00101	0,00844	0,00788	0,01062	0,00014	0,00265	0,00239	0,00183	$1*10^{-6}$	0,00016	0,00015
4	0,02321	0,00440	0,00844	0,02138	0,01062	0,00097	0,00265	0,00853	0,00183	0,00003	0,00016	0,00103
5	0,02321	0,01086	0,00844	0,03956	0,01062	0,00317	0,00265	0,01863	0,00183	0,00017	0,00016	0,00333
6	0,02321	0,02005	0,01620	0,03956	0,01062	0,00707	0,00606	0,01863	0,00183	0,00060	0,00056	0,00333
7	0,02321	0,03133	0,02602	0,03956	0,01062	0,01264	0,01106	0,01863	0,00183	0,00148	0,00141	0,00333
8	0,02321	0,04403	0,03733	0,03956	0,01062	0,01966	0,01747	0,01863	0,00183	0,00294	0,00282	0,00333
9	0,02321	0,05761	0,04964	0,03956	0,01062	0,02785	0,02505	0,01863	0,00183	0,00505	0,00486	0,00333
10	0,02321	0,07170	0,06255	0,03956	0,01062	0,03693	0,03353	0,01863	0,00183	0,00782	0,00755	0,00333

Tabelle B 1 Gruppensequentielle Pläne N = 3

Werte von $\Delta = (\sqrt{n}.\,\delta) / (\sqrt{2}.\,\sigma)$

ß \ Testplan	2 α = 0,10				2 α = 0,05				2 α = 0,01			
	Plan I	Plan II	Plan III	Plan IV	Plan I	Plan II	Plan III	Plan IV	Plan I	Plan II	Plan III	Plan IV
0,5	1,0512	0,9639	0,9908	0,9999	1,2429	1,1431	1,1673	1,1858	1,6071	1,4931	1,5082	1,5466
0,4	1,2063	1,1121	1,1408	1,1515	1,3955	1,2902	1,3156	1,3360	1,7572	1,6396	1,6551	1,6955
0,3	1,3706	1,2701	1,3006	1,3128	1,5579	1,4475	1,4739	1,4961	1,9173	1,7964	1,8122	1,8545
0,25	1,4610	1,3575	1,3887	1,4017	1,6474	1,5346	1,5615	1,5846	2.0057	1,8832	1,8991	1,9424
0,2	1,5613	1,4548	1,4868	1,5006	1,7468	1,6315	1,6588	1,6830	2,1041	1,9798	1,9959	2,0402
0,1	1,8238	1,7104	1,7441	1,7601	2.0075	1,8865	1,9149	1,9415	2,3622	2,2342	2,2506	1,2973
0,05	2,0393	1,9214	1.9561	1,9737	2,2218	2,0970	2,1260	2,1543	2,5749	2,4442	2,4608	2,5092
0,01	2,4414	2,3166	2,3529	2,3730	2,6221	2,4915	2,5216	2,5526	2,9728	2,8380	2,8550	2,9060

Tabelle B 2 Gruppensequentielle Pläne N = 4

Werte von $\Delta = (\sqrt{n}.\ \delta) / (\sqrt{2}.\ \sigma)$

ß \ Testplan	2 α = 0,10				2 α = 0,05				2 α = 0,01			
	Plan I	Plan II	Plan III	Plan IV	Plan I	Plan II	Plan III	Plan IV	Plan I	Plan II	Plan III	Plan IV
0,5	0,9292	0,8383	0,8481	0,8437	1,0965	0,9935	1,0002	1,0066	1,4129	1,2962	1,2982	1,3226
0,4	1,0649	0,9670	0,9775	0,9778	1,2297	1,1212	1,1282	1,1387	1,5436	1,4233	1,4254	1,4528
0,3	1,2085	1,1043	1,1153	1,1199	1,3713	1,2577	1,2650	1,2793	1,6828	1,5592	1,5614	1.5918
0,25	1,2874	1,1801	1,1915	1,1981	1,4494	1,3333	1,3407	1,3568	1,7598	1,6345	1,6366	1,6685
0,2	1,3749	1,2646	1,2762	1,2849	1,5360	1,4174	1,4249	1,4430	1,8452	1,7182	1,7205	1,7539
0,1	1,6037	1,4865	1,4987	1,5123	1,7629	1,6386	1,6464	1,6690	2.0697	1,9387	1,9410	1,9779
0,05	1,7914	1,6695	1,6821	1,6991	1,9493	1,8212	1,8291	1,8548	2,2543	2,1208	2,1231	2,1625
0,01	2,1411	2.0124	2,0255	2,0476	2,2972	2,1634	2,1715	2,2021	2,5999	2,4621	2,4645	2,5078

Tabelle B3 Gruppensequentielle Pläne N = 5

Werte von $\Delta = (\sqrt{n}.\,\delta) / (\sqrt{2}.\,\sigma)$

ß \ Testplan	2 α = 0,10				2 α = 0,05				2 α = 0,01			
	Plan I	Plan II	Plan III	Plan IV	Plan I	Plan II	Plan III	Plan IV	Plan I	Plan II	Plan III	Plan IV
0,5	0,8432	0,7519	0,7755	0,7877	0,9936	0,8908	0,9107	0,9331	1,2771	1,1614	1,1718	1,2141
0,4	0,9655	0,8673	0,8925	0,9065	1,1135	1,0052	1,0260	1,0506	1,3944	1,2753	1,2858	1,3303
0,3	1,0947	0,9903	1,0169	1,0328	1,2407	1,1276	1,1490	1,1759	1,5194	1,3970	1,4077	1,4544
0,25	1,1657	1,0583	1,0855	1,1024	1,3108	1,1952	1,2171	1,2450	1,5884	1,4644	1,4752	1,5229
0,2	1,2444	1,1339	1,1618	1,1797	1,3886	1,2706	1,2927	1,3219	1,6651	1,5394	1,5503	1,5991
0,1	1,4499	1,3328	1,3619	1,3824	1,5923	1,4687	1,4916	1,5235	1,8663	1,7368	1,7479	1,7994
0,05	1,6184	1,4967	1,5267	1,5491	1,7595	1,6322	1,6556	1,6895	2,0319	1,8997	1,9110	1,9644
0,01	1,9321	1,8039	1,8350	1,8604	2,0715	1,9386	1,9627	1,9998	2,3415	2,2053	2,2168	2,2731

Tabelle B 4 Gruppensequentielle Pläne N = 6

Werte von $\Delta = (\sqrt{n}.\ \delta) / (\sqrt{2}.\ \sigma)$

ß \ Testplan	2 α = 0,10				2 α = 0,05				2 α = 0,01			
	Plan I	Plan II	Plan III	Plan IV	Plan I	Plan II	Plan III	Plan IV	Plan I	Plan II	Plan III	Plan IV
0,5	0,7782	0,6878	0,7000	0,7315	0,9161	0,8147	0,8233	0,8657	1,1751	1,0618	1,0646	1,1240
0,4	0,8905	0,7933	0,8063	0,8410	1,0260	0,9193	0,9282	0,9738	1,2825	1,1658	1,1686	1,2307
0,3	1,0090	0.9058	0,9195	0,9572	1,1426	1,0311	1,0404	1,0889	1,3969	1,2770	1,2799	1,3444
0,25	1,0741	0,9679	0,9819	1,0212	1,2068	1,0930	1,1024	1,1524	1,4600	1,3385	1,3414	1,4073
0,2	1,1462	1,0371	1,0514	1,0923	1,2780	1,1618	1,1713	1,2230	1,5302	1.4071	1,4100	1,4771
0,1	1,3345	1,2188	1,2338	1,2784	1,4644	1,3429	1,3527	1,4080	1,7142	1,5874	1,5904	1,6606
0,05	1,4887	1,3687	1,3841	1,4313	1,6174	1,4923	1,5023	1,5602	1,8657	1,7363	1,7393	1,8117
0,01	1,7757	1,6493	1,6653	1,7167	1,9028	1,7722	1,7825	1,8444	2,1487	2,0154	2,0184	2,0942

Tabelle B5 Gruppensequentielle Pläne N = 7

Werte von $\Delta = (\sqrt{n}.\ \delta) / (\sqrt{2}.\ \sigma)$

Testplan / ß	2 α = 0,10				2 α = 0,05				2 α = 0,01			
	Plan I	Plan II	Plan III	Plan IV	Plan I	Plan II	Plan III	Plan IV	Plan I	Plan II	Plan III	Plan IV
0,5	0,7269	0,6378	0,6591	0,6715	0,8549	0,7553	0,7727	0,7951	1,0949	0,9841	0,9924	1,0334
0,4	0,8313	0,7356	0,7583	0,7726	0,9570	0,8523	0,8704	0,8949	1,1945	1,0805	1,0889	1,1321
0,3	0,9414	0,8398	0,8638	0,8799	1,0652	0,9559	0,9746	1,0013	1,3006	1,1835	1,1921	1,2373
0,25	1,0019	0,8974	0,9219	0,9390	1,1248	1,0132	1,0322	1,0600	1,3592	1,2405	1,2492	1,2955
0,2	1,0688	0.9615	0,9866	1,0047	1,1909	1,0770	1,0963	1,1253	1,4242	1,3040	1,3127	1,3601
0,1	1,2436	1,1299	1,1562	1,1768	1,3638	1,2448	1,2647	1,2964	1,5949	1,4711	1,4799	1,5300
0,05	1,3866	1,2688	1,2957	1,3182	1,5058	1,3832	1,4035	1,4372	1,7352	1,6090	1,6179	1,6698
0,01	1,6528	1,5289	1,5567	1,5823	1,7703	1,6426	1,6634	1,7003	1,9976	1,8675	1,8766	1,9314

Tabelle B 6 Gruppensequentielle Pläne N = 8

Werte von $\Delta = (\sqrt{n}.\,\delta) / (\sqrt{2}.\,\sigma)$

ß \ Testplan	2 α = 0,10				2 α = 0,05				2 α = 0,01			
	Plan I	Plan II	Plan III	Plan IV	Plan I	Plan II	Plan III	Plan IV	Plan I	Plan II	Plan III	Plan IV
0,5	0,6850	0,5973	0,6104	0,6360	0,8051	0,7073	0,7167	0,7526	1,0297	0,9215	0,9244	0,9767
0,4	0,7829	0,6889	0,7029	0.7312	0,9008	0,7981	0,8077	0,8464	1,1229	1,0116	1,0147	1,0693
0,3	0,8863	0,7865	0,8011	0,8321	1,0021	0,8951	0,9052	0.9465	1,2223	1,1080	1,1112	1,1681
0,25	0,9430	0,8405	0,8554	0,8879	1,0581	0,9487	0,9589	1,0017	1,2772	1,1614	1,1646	1,2226
0,2	1,0057	0,9005	0,9159	0,9496	1,1199	1,0086	1,0189	1,0628	1,3381	1,2209	1,2241	1,2831
0,1	1,1695	1,0582	1,0743	1,1112	1,2821	1,1656	1,1761	1,2235	1,4980	1,3774	1,3805	1,4423
0,05	1,3033	1,1881	1,2047	1,2438	1,4149	1,2952	1,3060	1,3558	1,6294	1,5063	1,5097	1,5737
0,01	1,5533	1,4322	1,4479	1,4908	1,6629	1,5384	1,5482	1,6029	1,8748	1,7479	1,7518	1,8182

Tabelle B7 Gruppensequentielle Pläne N = 9

Werte von $\Delta = (\sqrt{n} . \delta) / (\sqrt{2} . \sigma)$

ß \ Testplan	2 α = 0,10				2 α = 0,05				2 α = 0,01			
	Plan I	Plan II	Plan III	Plan IV	Plan I	Plan II	Plan III	Plan IV	Plan I	Plan II	Plan III	Plan IV
0,5	0,6499	0,5638	0,5835	0,5954	0,7632	0,6675	0,6834	0,7047	0,9750	0,8694	0,8766	0,9155
0,4	0,7425	0,6501	0,6712	0,6848	0,8537	0,7531	0,7697	0,7931	1,0632	0,9544	0,9617	1,0027
0,3	0,8402	0,7423	0,7645	0,7799	0,9494	0,8447	0,8617	0,8872	1,1570	1,0455	1,0528	1,0958
0,25	0,8937	0,7931	9,8158	0,8322	1,0021	0,8952	0,9125	0,9391	1,2088	1,0958	1,1032	1,1473
0,2	0,9530	0,8497	0,8729	0,8902	1,0606	0,9517	0,9691	0,9969	1,2663	1,1518	1,1594	1,2043
0,1	1,1075	0,9987	1,0226	1,0426	1,2137	1,0999	1,1180	1,1482	1,4169	1,2992	1,3071	1,3544
0,05	1,2340	1,1212	1,1461	1,1676	1,3392	1,2220	1,2406	1,2728	1,5410	1,4208	1,4287	1,4780
0,01	1,4693	1,3501	1,3775	1,4009	1,5734	1,4504	1,4699	1,5051	1,7733	1,6483	1,6561	1,7088

Tabelle B8 Gruppensequentielle Pläne N = 10

Werte von $\Delta = (\sqrt{n}.\ \delta) / (\sqrt{2}.\ \sigma)$

ß \ Testplan	$2\alpha = 0{,}10$				$2\alpha = 0{,}05$				$2\alpha = 0{,}01$			
	Plan I	Plan II	Plan III	Plan IV	Plan I	Plan II	Plan III	Plan IV	Plan I	Plan II	Plan III	Plan IV
0,5	0,6199	0,5349	0,5486	0,5703	0,7276	0,6337	0,6433	0,6747	0,9286	0,8253	0,8285	0,8756
0,4	0,7080	0,6169	0,6316	0,6557	0,8136	0,7150	0,7250	0,7589	1,0123	0,9061	0,9094	0,9585
0,3	0,8009	0,7045	0,7197	0,7462	0,9045	0,8020	0,8122	0,8486	1,1013	0,9924	0,9957	1,0470
0,25	0,8517	0,7527	0,7684	0,7960	0,9548	0,8500	0,8605	0,8981	1,1504	1,0402	1,0435	1,0960
0,2	0,9080	0,8065	0,8223	0,8514	1,0103	0,9034	0,9141	0,9529	1,2050	1,0934	1,0969	1,1503
0,1	1,0551	0,9476	0,9645	0,9962	1,1556	1,0442	1,0550	1,0970	1,3483	1,2333	1,2367	1,2929
0,05	1,1754	1,0641	1,0812	1,1154	1,2747	1,1600	1,1712	1,2152	1,4658	1,3486	1,3525	1,4101
0,01	1,3990	1,2818	1,2993	1,3365	1,4973	1,3781	1,3879	1,4367	1,6854	1,5662	1,5701	1,6287

Tabelle C 1 Gruppensequentielle Pläne J = 3

durchschnittliche Testzahl E (J/H_1)

ß \ Testplan	$2\alpha = 0{,}10$				$2\alpha = 0{,}05$				$2\alpha = 0{,}01$			
	Plan I	Plan II	Plan III	Plan IV	Plan I	Plan II	Plan III	Plan IV	Plan I	Plan II	Plan III	Plan IV
0,5	2,475	2,742	2,631	2,612	2,521	2,788	2,697	2,650	2,602	2,856	2,805	2,703
0,4	2,353	2,664	2,531	2,513	2,404	2,720	2,608	2,558	2,497	2,803	2,737	2,623
0,3	2,214	2,569	2,411	2,399	2,270	2,636	2,497	2,452	2,374	2,735	2,649	2,529
0,25	2,134	2,512	2,339	2,333	2,192	2,585	2,431	2,391	2,301	2,692	2,593	2,475
0,2	2,046	2,446	2,256	2,259	2,105	2,525	2,352	2,322	2,219	2,641	2,527	2,413
0,1	1,819	2,265	2,031	2,065	1,880	2,358	2,135	2,141	2,000	2,495	2,332	2,252
0,05	1,648	2,116	1,848	1,913	1,707	2,219	1,953	1,998	1,827	2,370	2,159	2,128
0,01	1,390	1,858	1,548	1,664	1,440	1,978	1,642	1,761	1,546	2,153	1,840	1,924

Tabelle C2 Gruppensequentielle Pläne J = 4

durchschnittliche Testzahl E (J/H_1)

β \ Testplan	2 α = 0,10				2 α = 0,05				2 α = 0,01			
	Plan I	Plan II	Plan III	Plan IV	Plan I	Plan II	Plan III	Plan IV	Plan I	Plan II	Plan III	Plan IV
0,5	3,215	3,591	3,526	3,321	3,282	3,652	3,612	3,373	3,399	3,746	3,733	3,456
0,4	3,036	3,472	3,393	3,159	3,111	3,545	3,494	3,219	3,244	3,660	3,643	3,316
0,3	2,833	3,329	3,233	2,975	2,915	3,416	3,351	3,043	3,063	3,552	3,530	3,153
0,25	2,719	3,244	3,138	2,871	2,804	3,338	3,265	2,944	2,959	2,486	3,460	3,060
0,2	2,591	3,148	3,029	2,756	2,679	3,248	3,165	2,833	2,841	3,409	3,378	2,956
0,1	2,267	2,888	2,732	2,464	2,358	3,003	2,888	2,551	2,530	3,191	3,144	2,688
0,05	2,027	2,680	2,490	2,248	2,116	2,804	2,657	2,341	2,289	3,007	2,942	2,487
0,01	1,663	2,339	2,080	1,918	1,743	2,470	2,251	2,020	1,904	2,684	2,569	2,182

<u>Tabelle C 3</u> Gruppensequentielle Pläne J = 5

durchschnittliche Testzahl E (J/H_1)

ß \ Testplan	2 α = 0,10				2 α = 0,05				2 α = 0,01			
	Plan I	Plan II	Plan III	Plan IV	Plan I	Plan II	Plan III	Plan IV	Plan I	Plan II	Plan III	Plan IV
0,5	3,953	4,439	4,268	4,190	4,042	4,516	4,386	4,250	4,194	4,633	4,568	4,347
0,4	3,718	4,278	4,076	3,991	3,816	4,371	4,213	4,061	3,989	4,514	4,430	4,175
0,3	3,452	4,088	3,849	3,764	3,560	4,197	4,004	3,845	3,752	4,367	4,258	3,976
0,25	3,303	3,976	3,716	3,636	3,415	4,094	3,881	3,722	3,615	4,278	4,154	3,862
0,2	3,137	3,849	3,564	3,493	3,252	3,975	3,738	3,585	3,462	4,175	4,031	3,734
0,1	2,719	3,510	3,159	3,133	3,838	3,654	3,350	3,236	3,061	3,890	3,687	3,405
0,05	2,410	3,242	2,838	2,866	2,528	3,396	3,034	2,975	2,753	3,654	3,395	3,154
0,01	1,945	2,805	2,311	2,460	2,053	2,967	2,500	2,575	2,265	3,247	2,871	2,763

<u>Tabelle C 4</u> Gruppensequentielle Pläne J = 6

durchschnittliche Testzahl E (J/H_1)

ß \ Testplan	2 α = 0,10				2 α = 0,05				2 α = 0,01			
	Plan I	Plan II	Plan III	Plan IV	Plan I	Plan II	Plan III	Plan IV	Plan I	Plan II	Plan III	Plan IV
0,5	4,690	5,287	5,166	4,912	4,801	5,379	5,301	4,987	4,988	5,519	5,493	5,111
0,4	4,398	5,085	4,941	4,651	4,521	5,196	5,100	4,737	4,733	5,367	5,332	4,882
0,3	4,071	4,848	4,675	4,357	4,204	4,978	4,858	4,455	4,440	5,181	5,134	4,619
0,25	3,887	4,709	4,520	4,192	4,025	4,849	4,715	4,295	4,271	5,070	5,016	4,469
0,2	3,683	4,551	4,342	4,010	3,825	4,702	4,551	4,118	4,082	4,941	4,877	4,301
0,1	3,171	4,134	3,868	3,553	3,319	4,308	4,104	3,671	3,592	4,588	4,491	3,872
0,05	2,794	3,807	3,490	3,219	2,941	3,993	3,740	3,342	3,217	4,298	4,167	3,551
0,01	2,231	3,276	2,862	2,723	2,365	3,473	3,120	2,848	2,628	3,806	3,590	3,061

Tabelle C 5 Gruppensequentielle Pläne J = 7

durchschnittliche Testzahl E (J/H_1)

β \ Testplan	$2\alpha = 0{,}10$				$2\alpha = 0{,}05$				$2\alpha = 0{,}01$			
	Plan I	Plan II	Plan III	Plan IV	Plan I	Plan II	Plan III	Plan IV	Plan I	Plan II	Plan III	Plan IV
0,5	5,426	6,134	5,903	5,763	5,559	6,241	6,073	5,849	5,781	6,404	6,327	5,987
0,4	5,078	5,892	5,621	5,463	5,225	6,021	5,817	5,563	5,477	6,219	6,119	5,725
0,3	4,688	5,608	5,289	5,123	4,848	5,759	5,510	5,238	5,127	5,994	5,864	5,424
0,25	4,470	5,442	5,095	4,933	4,635	5,605	5,330	5,054	4,926	5,860	5,711	5,252
0,2	4,228	5,254	4,875	4,722	4,398	5,429	5,123	4,850	4,702	5,706	5,533	5,061
0,1	3,623	4,760	4,294	4,192	3,799	4,961	4,568	4,336	4,122	5,285	5,040	4,573
0,05	3,180	4,374	3,837	3,804	3,355	4,590	4,120	3,955	3,681	4,943	4,628	4,207
0,01	2,518	3,752	3,092	3,221	2,679	3,980	3,370	3,378	2,990	4,364	3,902	3,646

Tabelle C 6 Gruppensequentielle Pläne J = 8

durchschnittliche Testzahl E (J/H_1)

Testplan / ß	$2\alpha = 0{,}10$				$2\alpha = 0{,}05$				$2\alpha = 0{,}01$			
	Plan I	Plan II	Plan III	Plan IV	Plan I	Plan II	Plan III	Plan IV	Plan I	Plan II	Plan III	Plan IV
0,5	6,161	6,981	6,803	6,483	6,316	7,104	6,988	6,584	6,574	7,289	7,250	6,750
0,4	5,757	6,699	6,487	6,122	5,928	6,845	6,704	6,238	6,220	7,071	7,019	6,431
0,3	5,305	6,367	6,117	5,716	5,491	6,539	6,364	5,846	5,813	6,808	6,738	6,066
0,25	5,052	6,175	5,901	5,488	5,244	6,361	6,165	5,626	5,581	6,651	6,571	5,859
0,2	4,773	5,957	5,655	5,237	4,970	6,156	5,937	5,383	5,321	6,471	6,376	5,628
0,1	4,075	5,386	5,005	4,612	4,279	5,614	5,323	4,772	4,652	5,983	5,842	5,042
0,05	3,566	4,942	4,492	4,158	3,768	5,186	4,828	4,323	4,145	5,588	5,398	4,605
0,01	2,805	4,226	3,651	3,487	2,993	4,486	3,995	3,654	3,353	4,924	4,617	3,946

Tabelle C 7 Gruppensequentielle Pläne J = 9

durchschnittliche Testzahl E (J/H_1)

ß \ Testplan	2 α = 0,10				2 α = 0,05				2 α = 0,01			
	Plan I	Plan II	Plan III	Plan IV	Plan I	Plan II	Plan III	Plan IV	Plan I	Plan II	Plan III	Plan IV
0,5	6,894	7,828	7,537	7,335	7,073	7,966	7,759	7,445	7,365	8,174	8,083	7,624
0,4	6,435	7,505	7,164	6,934	6,631	7,670	7,419	7,062	6,963	7,923	7,805	7,272
0,3	5,921	7,127	6,727	6,482	6,133	7,320	7,016	6,629	6,499	7,621	7,468	6,869
0,25	5,634	6,908	6,474	6,229	5,853	7,116	6,779	6,385	6,235	7,442	7,267	6,640
0,2	5,317	6,660	6,187	5,950	5,543	6,882	6,509	6,114	5,940	7,236	7,033	6,386
0,1	4,527	6,011	5,431	5,253	4,760	6,267	5,785	5,436	5,183	6,681	6,392	5,739
0,05	3,951	5,509	4,837	4,745	4,181	5,784	5,207	4,937	4,609	6,234	5,862	5,258
0,01	3,095	4,706	3,873	3,989	3,306	4,997	4,242	4,190	3,714	5,486	4,936	4,527

Tabelle C 8 Gruppensequentielle Pläne J = 10

durchschnittliche Testzahl E (J/H_1)

β \ Testplan	2 α = 0,10 Plan I	Plan II	Plan III	Plan IV	2 α = 0,05 Plan I	Plan II	Plan III	Plan IV	2 α = 0,01 Plan I	Plan II	Plan III	Plan IV
0,5	7,628	8,676	8,437	8,054	7,829	8,828	8,674	8,180	8,158	9,059	9,006	8,386
0,4	7,113	8,312	8,032	7,591	7,333	8,494	8,307	7,737	7,705	8,775	8,705	7,977
0,3	6,536	7,886	7,556	7,073	6,776	8,100	7,870	7,237	7,185	8,434	8,341	7,511
0,25	6,215	7,641	7,280	6,784	6,461	7,870	7,614	6,956	6,890	8,232	8,125	7,246
0,2	5,860	7,363	6,968	6,464	6,113	7,610	7,322	6,646	6,559	8,001	7,875	6,951
0,1	4,977	6,638	6,142	5,673	5,239	6,920	6,542	5,871	5,711	7,379	7,193	6,208
0,05	4,334	6,077	5,587	5,098	4,594	6,381	5,916	5,307	5,073	6,881	6,630	5,658
0,01	3,381	5,182	4,438	4,256	3,620	5,500	4,871	4,464	4,081	6,040	5,643	4,829

Tabelle D 1 Gruppensequentielle Pläne J = 3

maximale Fallzahl N *)

ß \ Testplan	$2\alpha = 0{,}10$				$2\alpha = 0{,}05$				$2\alpha = 0{,}01$			
	Plan I	Plan II	Plan III	Plan IV	Plan I	Plan II	Plan III	Plan IV	Plan I	Plan II	Plan III	Plan IV
0,5	6,631	5,575	5,890	5,999	9,268	7,840	8,176	8,437	15,497	13,376	13,647	14,353
0,4	8,731	7,421	7,809	7,956	11,685	9,988	10,385	10,709	18,527	16,130	16,436	17,249
0,3	11,271	9,680	10,149	10,340	14,562	12,572	13,035	13,430	22,056	19,362	19,703	20,635
0,25	12,807	11,057	11,572	11,789	16,283	14,130	14,629	15,066	24,138	21,278	21,639	22,638
0,2	14,626	12,698	13,263	13,511	18,308	15,971	16,511	16,995	26,562	23,518	23,902	24,975
0,1	19,958	17,554	18,252	18,588	24,180	21,353	22,000	22,615	33,481	29,949	30,391	31,664
0,05	24,953	22,150	22,959	23,373	29,618	26,383	27,120	27,847	39,780	35,843	36,334	37,776
0,01	35,761	32,201	33,218	33,788	41,252	37,246	38,150	39,096	53,025	48,326	48,907	50,668

*) Jeder Tabellenwert muß noch mit σ^2/δ^2 multipliziert werden

<u>Tabelle D 2</u> Gruppensequentielle Pläne J = 4
maximale Rallzahl N *)

Testplan / ß	2 α = 0,10				2 α = 0,05				2 α = 0,01			
	Plan I	Plan II	Plan III	Plan IV	Plan I	Plan II	Plan III	Plan IV	Plan I	Plan II	Plan III	Plan IV
0,5	6,907	5,622	5,754	5,694	9,618	7,896	8,003	8,106	15,969	13,440	13,484	13,994
0,4	9,072	7,481	7,644	7,648	12,098	10,057	10,184	10,373	19,061	16,205	16,254	16,886
0,3	11,683	9,755	9,952	10,033	15,044	12,655	12,803	13,093	22,656	19,449	19,503	20,270
0,25	13,259	11,142	11,357	11,484	16,805	14,221	14,380	14,728	24,774	21,371	21,429	22,271
0,2	15,123	12,793	13,029	13,208	18,874	16,072	16,244	16,658	27,240	23,619	23,680	24,608
0,1	20,575	17,677	17,968	18,296	24,862	21,481	21,686	22,284	34,268	30,070	30,139	31,298
0,05	25,672	22,298	22,634	23,095	30,398	26,534	26,766	27,524	40,658	35,981	36,059	37,412
0,01	36,673	32,399	32,820	33,542	42,219	37,441	37,725	38,793	54,075	48,497	48,588	50,312

*) Jeder Tabellenwert muß noch mit σ^2 / δ^2 multipliziert werden.

Tabelle D 3   Gruppensequentielle Pläne J = 5

maximale Fallzahl N   *)

β \ Testplan	2 α = 0,10				2 α = 0,05				2 α = 0,01			
	Plan I	Plan II	Plan III	Plan IV	Plan I	Plan II	Plan III	Plan IV	Plan I	Plan II	Plan III	Plan IV
0,5	7,109	5,654	6,014	6,205	9,872	7,935	8,293	8,707	16,309	13,490	13,731	14,741
0,4	9,321	7,522	7,965	8,218	12,398	10,105	10,526	11,039	19,444	16,263	16,533	17,698
0,3	11,984	9,807	10,340	10,666	15,394	12,714	13,203	13,827	23,086	19,515	19,817	21,152
0,25	13,588	11,200	11,783	12,152	17,183	14,286	14,812	15,500	25,230	21,443	21,762	23,193
0,2	15,484	12,858	13,497	13,917	19,283	16,144	16,712	17,473	27,725	23,697	24,035	25,573
0,1	21,023	17,763	18,548	19,110	25,354	21,571	22,249	23,212	34,831	30,164	30,552	32,378
0,05	26,191	22,402	23,309	23,997	30,959	26,641	27,410	28,545	41,287	36,089	36,519	38,588
0,01	37,337	32,540	33,673	34,610	42,913	37,582	38,520	39,992	54,827	48,632	49,140	51,671

*) Jeder Tabellenwert muß noch mit σ^2 / δ^2 multipliziert werden.

<u>Tabelle D 4</u> Gruppensequentielle Pläne J = 6
maximale Fallzahl N *)

ß \ Testplan	2 α = 0,10				2 α = 0,05				2 α = 0,01			
	Plan I	Plan II	Plan III	Plan IV	Plan I	Plan II	Plan III	Plan IV	Plan I	Plan II	Plan III	Plan IV
0,5	7,268	5,677	5,880	6,420	10,071	7,964	8,133	8,993	16,572	13,528	13,599	15,161
0,4	9,516	7,552	7,801	8,487	12,632	10,141	10,340	11,380	19,739	16,308	16,387	18,175
0,3	12,218	9,845	10,145	10,994	15,665	12,758	12,988	14,229	23,416	19,568	19,656	21,690
0,25	13,844	11,242	11,570	12,514	17,475	14,335	14,582	15,937	25,580	21,500	21,594	23,765
0,2	15,765	12,906	13,265	14,317	19,599	16,197	16,465	17,949	28,098	23,758	23,857	26,183
0,1	21,369	17,826	18,267	19,612	25,734	21,640	21,958	23,791	35,263	30,239	30,352	33,091
0,05	26,593	22,479	22,987	24,585	31,392	26,722	27,083	29,210	41,768	36,176	36,301	39,385
0,01	37,837	32,643	33,278	35,364	43,447	37,689	38,128	40,821	55,402	48,740	48,888	52,627

*) Jeder Tabellenwert muß noch mit σ^2 / δ^2 multipliziert werden.

Tabelle D 5 Gruppensequentielle Pläne J = 7

maximale Fallzahl N *)

ß \ Testplan	2 α = 0,10				2 α = 0,05				2 α = 0,01			
	Plan I	Plan II	Plan III	Plan IV	Plan I	Plan II	Plan III	Plan IV	Plan I	Plan II	Plan III	Plan IV
0,5	7,398	5,695	6,083	6,313	10,232	7,986	8,359	8,850	16,783	13,559	13,787	14,952
0,4	9,675	7,575	8,051	8,356	12,821	10,169	10,606	11,213	19.977	16,344	16,600	17,943
0,3	12,408	9,874	10,446	10,838	15,885	12,792	13,298	14,036	23,682	19,610	19,894	21,434
0,25	14,052	11,275	11,900	12,344	17,712	14,372	14,917	15,730	25,863	21,545	21,846	23,496
0,2	15,993	12,943	13,627	14,132	19,855	16,239	16,826	17,727	28,398	23,807	24,126	25,900
0,1	21,650	17,875	18,714	19,388	26,041	21,694	22,392	23,529	35,610	30,298	30,663	32,770
0,05	26,918	22,538	23,504	24,328	31,742	26,786	27,577	28,917	42,155	36,244	36,648	39,036
0,01	38,246	32,723	33,928	35,050	43,877	37,774	38,736	40,472	55,864	48,828	49,302	52,224

*) Jeder Tabellenwert muß noch mit σ^2 / δ^2 multipliziert werden.

Tabelle D 6 Gruppensequentielle Pläne J = 8
maximale Fallzahl N *)

ß \ Testplan	$2\alpha = 0{,}10$				$2\alpha = 0{,}05$				$2\alpha = 0{,}01$			
	Plan I	Plan II	Plan III	Plan IV	Plan I	Plan II	Plan III	Plan IV	Plan I	Plan II	Plan III	Plan IV
0,5	7,507	5,709	5,961	6,472	10,370	8,004	8,218	9,062	16,963	13,587	13,673	15,262
0,4	9,808	7,594	7,904	8,554	12,982	10,191	10,439	11,463	20,173	16,375	16,474	18,293
0,3	12,569	9,897	10,269	11,079	16,069	12,819	13,111	14,333	23,903	19,643	19,756	21,830
0,25	14,229	11,303	11,707	12,613	17,912	14,400	14,713	16,053	26,098	21,583	21,701	23,915
0,2	16,183	12,974	13,421	14,427	20,068	16,277	16,609	18,073	28,647	23,849	23,973	26,343
0,1	21,885	17,917	18,466	19,756	26,298	21,738	22,131	23,949	35,903	30,354	30,494	33,284
0,05	27,178	22,585	23,220	24,751	32,029	26,842	27,289	29,410	42,477	36,303	36,468	39,624
0,01	38,605	32,820	33,540	35,561	44,244	37,867	38,349	41,106	56,240	48,881	49,100	52,893

*) Jeder Tabellenwert muß noch mit σ^2 / δ^2 multipliziert werden.

Tabelle D 7 Gruppensequentielle Pläne J = 9
maximale Fallzahl N *)

ß \ Testplan	2 α = 0,10				2 α = 0,05				2 α = 0,01			
	Plan I	Plan II	Plan III	Plan IV	Plan I	Plan II	Plan III	Plan IV	Plan I	Plan II	Plan III	Plan IV
0,5	7,603	5,721	6,129	6,380	10,484	8,020	8,406	8,939	17,111	13,605	13,831	15,087
0,4	9,924	7,608	8,110	8,411	13,117	10,208	10,663	11,322	20,345	16,396	16,648	18,098
0,3	12,707	9,918	10,521	10,948	16,226	12,843	13,364	14,168	24,094	19,676	19,952	21,614
0,25	14,376	11,322	11,980	12,465	18,076	14,424	14,988	15,875	26,301	21,612	21,907	23,692
0,2	16,346	12,995	13,715	14,265	20,248	16,304	16,903	17,888	28,863	23,879	24,194	26,106
0,1	22,080	17,951	18,822	19,566	26,514	21,776	22,497	23,732	36,139	30,385	30,751	33,020
0,05	27,411	22,629	23,646	24,540	32,282	26,879	27,702	29,160	42,743	36,338	36,740	39,320
0,01	38,857	32,811	34,153	32,326	44,563	37,866	38,892	40,775	56,601	48,902	49,367	52,561

*) Jeder Tabellenwert muß noch mit σ^2 / δ^2 multipliziert werden

Tabelle D 8 Gruppensequentielle Pläne J = 10
maximale Fallzahl N *)

ß \ Testplan	2 α = 0,10				2 α = 0,05				2 α = 0,01			
	Plan I	Plan II	Plan III	Plan IV	Plan I	Plan II	Plan III	Plan IV	Plan I	Plan II	Plan III	Plan IV
0,5	7,686	5,723	6,020	6,506	10,587	8,031	8,277	9,104	17,245	13,623	13,728	15,334
0,4	10,025	7,612	7,978	8,600	13,239	10,224	10,512	11,519	20,493	16,419	16,538	18,376
0,3	12,828	9,925	10,360	11,136	16,363	12,863	13,194	14,403	24,257	19,698	19,829	21,923
0,25	14,508	11,331	11,810	12,673	18,231	14,451	14,810	16,132	26,470	21,640	21,778	24,024
0,2	16,491	13,008	13,525	14,498	20,415	16,322	16,713	18,162	29,041	23,912	24,062	26,465
0,1	22,262	17,960	18,604	19,849	26,707	21,809	22,260	24,067	35,359	30,422	30,591	33,432
0,05	27,633	22,647	22,647	24,881	32,499	26,912	27,435	29,533	42,970	36,374	36,585	39,768
0,01	39,141	32,858	33,766	35,722	44,837	37,985	38,525	41,284	56,810	49,062	49,305	53,056

*) Jeder Tabellenwert muß noch mit σ^2/δ^2 multipliziert werden,

Tabelle E 1 Gruppensequentielle Pläne $J = 3$
durchschnittliche Fallzahl $E(N/H_1)$ *)

ß \ Testplan	2 α = 0,10				2 α = 0,05				2 α = 0,01			
	Plan I	Plan II	Plan III	Plan IV	Plan I	Plan II	Plan III	Plan IV	Plan I	Plan II	Plan III	Plan IV
0,5	5,470	5,096	5,166	5,223	7,787	7,286	7,351	7,451	13,441	12,732	12,759	12,931
0,4	6,849	6,589	6,589	6,665	9,364	9,056	9,027	9,132	15,422	15,069	14,993	15,079
0,3	8,317	8,289	8,155	8,268	11,016	11,045	10,851	10,978	17,451	17,649	17,396	17,394
0,25	9,112	9,259	9,021	9,168	11,900	12,173	11,852	12,008	18,516	19,094	18,707	18,673
0,2	9,973	10,354	9,973	10,173	12,849	13,441	12,947	13,154	19,647	20,706	20,133	20,089
0,1	12,098	13,253	12,355	12,794	15,152	16,785	15,655	16,137	22,319	24,911	23,628	23,774
0,05	13,708	15,620	14,146	14,907	16,857	19,517	17,653	18,550	24,221	28,317	26,149	26,792
0,01	16,573	19,943	17,146	18,737	19,805	24,564	20,875	22,951	27,330	34,680	29,992	32,487

*) Jeder Tabellenwert muß noch mit σ^2/δ^2 multipliziert werden.

Tabelle E 2 Gruppensequentielle Pläne J = 4

durchschnittliche Fallzahl E (N/H_1) *)

ß \ Testplan	2 α = 0,10				2 α = 0,05				2 α = 0,01			
	Plan I	Plan II	Plan III	Plan IV	Plan I	Plan II	Plan III	Plan IV	Plan I	Plan II	Plan III	Plan IV
0,5	5,551	5,047	5,073	4,727	7,891	7,209	7,226	6,836	13,569	12,585	12,584	12,092
0,4	6,886	6,492	6,484	6,040	9,409	8,194	8,897	8,348	15,458	14,826	14,804	13,997
0,3	8,275	8,118	8,044	7,461	10,964	10,806	10,726	9,961	17,351	17,270	17,221	15,978
0,25	9,011	9,037	8,911	8,242	11,778	11,868	11,739	10,839	18,326	18,627	18,538	17,038
0,2	9,796	10,066	9,866	9,099	12,639	13,051	12,853	11,797	19,344	20,129	19,999	18,183
0,1	11,663	12,762	12,273	11,271	14,657	16,127	15,657	14,211	21,678	23,992	23,693	21,030
0,05	13,006	14,941	14,092	12,978	16,079	18,597	17,776	16,106	23,269	27,053	26,521	23,257
0,01	15,248	18,948	17,067	16,082	18,392	23,120	21,228	19,590	25,740	32,543	31,212	27,445

*) Jeder Tabellenwert muß noch mit σ^2/δ^2 multipliziert werden.

Tabelle E 3 Gruppensequentielle Pläne J = 5
durchschnittliche Fallzahl E (N/H_1) *)

ß \ Testplan	$2\alpha = 0{,}10$				$2\alpha = 0{,}05$				$2\alpha = 0{,}01$			
	Plan I	Plan II	Plan III	Plan IV	Plan I	Plan II	Plan III	Plan IV	Plan I	Plan II	Plan III	Plan IV
0,5	5,620	5,019	5,134	5,200	7,980	7,167	7,276	7,402	13,680	12,499	12,545	12,815
0,4	6,931	6,436	6,494	6,558	9,464	8,834	8,870	8,966	15,513	14,681	14,648	14,778
0,3	8,274	8,018	7,960	8,029	10,961	10,672	10,574	10,632	17,323	17,044	16,877	16,821
0,25	8,976	8,907	8,758	8,836	11,734	11,697	11,496	11,539	18,244	18,349	18,080	17,915
0,2	9,715	9,898	9,621	9,723	12,542	12,834	12,493	12,528	19,194	19,788	19,379	19,099
0,1	11,431	12,469	11,720	11,974	14,393	15,766	14,905	15,022	21,325	23,469	22,532	22,047
0,05	12,623	14,524	13,228	13,753	15,653	18,097	16,630	16,983	22,732	26,374	24,794	24,342
0,01	14,523	18,255	15,565	17,026	17,616	22,300	19,260	20,599	24,841	31,578	28,219	28,555

*) Jeder Tabellenwert muß noch mit σ^2/δ^2 multipliziert werden.

<u>Tabelle E 4</u> Gruppensequentielle Pläne J = 6

durchschnittliche Fallzahl E (N/H_1) *)

ß \ Testplan	2 α = 0,10				2 α = 0,05				2 α = 0,01			
	Plan I	Plan II	Plan III	Plan IV	Plan I	Plan II	Plan III	Plan IV	Plan I	Plan II	Plan III	Plan IV
0,5	5,681	5,002	5,062	5,256	8,058	7,139	7,185	7,474	13,776	12,443	12,449	12,914
0,4	6,976	6,401	6,425	6,579	9,518	8,783	8,788	8,986	15,572	14,587	14,563	14,788
0,3	8,289	7,954	7,905	7,984	10,977	10,585	10,516	10,565	17,327	16,896	16,821	16,697
0,25	8,968	8,824	8,716	8,743	11,723	11,586	11,460	11,409	18,210	18,166	18,050	17,700
0,2	9,677	9,790	9,600	9,567	12,496	12,694	12,487	12,319	19,115	19,563	19,391	18,769
0,1	11,293	12,284	11,776	11,613	14.235	15,536	15,020	14,556	21,110	23,120	22,720	21,356
0,05	12,385	14,263	13,370	13,189	15,388	17,784	16,884	16,269	22,395	25,916	25,213	23,310
0,01	14,068	17,825	15,875	16,049	17,127	21,816	19,824	19,378	24,263	30,914	29,253	26,846

*) Jeder Tabellenwert muß noch mit σ^2 / δ^2 multipliziert werden.

Tabelle E 5 Gruppensequentielle Pläne J = 7
durchschnittliche Fallzahl E (N/H_1) *)

ß \ Testplan	2 α = 0,10 Plan I	Plan II	Plan III	Plan IV	2 α = 0,05 Plan I	Plan II	Plan III	Plan IV	2 α = 0,01 Plan I	Plan II	Plan III	Plan IV
0,5	5,734	4,990	5,130	5,198	8,125	7,121	7,252	7,395	13,861	12,405	12,461	12,788
0,4	7,019	6,376	6,465	6,521	9,571	8,747	8,813	8,910	15,630	14,520	14,509	14,674
0,3	8,310	7,910	7,892	7,933	11,001	10,524	10,468	10,502	17,345	16,792	16,665	16,607
0,25	8,973	8,766	8,662	8,699	11,728	11,508	11,358	11,358	18,201	18,038	17,823	17,630
0,2	9,660	9,715	9,491	9,532	12,475	12,595	12,316	12,282	19,073	19,405	19,069	18,725
0,1	11,206	12,155	11,480	11,611	14,134	15,374	14,611	14,573	20,970	22,875	22,079	21,407
0,05	12,227	14,083	12,883	13,220	15,211	17,563	16,231	16,338	22,167	25,593	24,231	23,460
0,01	13,757	17,538	14,987	16,128	16,792	21,479	18,650	19,533	23,864	30,439	27,482	27,200

*) Jeder Tabellenwert muß noch mit σ^2 / δ^2 multipliziert werden.

Tabelle E 6 Gruppensequentielle Pläne J = 8
durchschnittliche Fallzahl E (N/H_1) *)

ß \ Test-plan	$2\alpha = 0,10$				$2\alpha = 0,05$				$2\alpha = 0,01$			
	Plan I	Plan II	Plan III	Plan IV	Plan I	Plan II	Plan III	Plan IV	Plan I	Plan II	Plan III	Plan IV
0,5	5,781	4,982	5,069	5,245	8,187	7,107	7,179	7,457	13,939	12,379	12,392	12,877
0,4	7,058	6,359	6,409	6,546	9,620	8,721	8,748	8,938	15,685	14,474	14,454	14,705
0,3	8,335	7,877	7,851	7,915	11,029	10.478	10.430	10,475	17,370	16,715	16,640	16,552
0,25	8,985	8,724	8,635	8,652	11,741	11,449	11,339	11,290	18,207	17,944	17,823	17,514
0,2	9,655	9,661	9,487	9,444	12,469	12,524	12,325	12,161	19,053	19,290	19,107	18,532
0,1	11,147	12,061	11,553	11,389	14,048	15,255	14,726	14,285	20,876	22,699	22,267	20,976
0,05	12,114	13,951	13,038	12,865	15,087	17,401	16,469	15,893	22,006	25,358	24,606	22,807
0,01	13,535	17,337	15,307	15,502	16,551	21,234	19,151	18,773	23,574	30,086	28,338	26,089

*) Jeder Tabellenwert muß noch mit σ^2/δ^2 multipliziert werden.

Tabelle E 7 Gruppensequentielle Pläne J = 9

durchschnittliche Fallzahl E (N/H_1) *)

β \ Testplan	$2\alpha = 0{,}10$ Plan I	Plan II	Plan III	Plan IV	$2\alpha = 0{,}05$ Plan I	Plan II	Plan III	Plan IV	$2\alpha = 0{,}01$ Plan I	Plan II	Plan III	Plan IV
0,5	5,825	4,976	5,133	5,200	8,239	7,098	7,246	7,395	14,003	12,356	12,422	12,781
0,4	7,096	6,344	6,456	6,503	9,664	8,699	8,789	8,884	15,740	14,434	14,439	14,623
0,3	8,359	7,854	7,863	7,885	11,058	10,445	10,418	10,435	17,400	16,660	16,555	16,496
0,25	8,999	8,690	8,617	8,627	11,757	11,405	11,290	11,262	18,221	17,871	17,688	17,479
0,2	9,657	9,617	9,428	9,431	12,470	12,468	12,225	12,152	19,048	19,200	18,906	18,522
0,1	11,106	11,990	11,358	11,419	14,022	15,164	14,462	14,334	20,809	22,557	21,840	21,056
0,05	12,003	13,851	12,709	12,938	14,997	17,273	16,026	15,997	21,888	25,172	23,930	22,973
0,01	13,362	17,157	14,699	15,658	16,371	21,022	18,333	18,982	23,358	29,808	27,076	26,441

*) Jeder Tabellenwert muß noch mit σ^2 / δ^2 multipliziert werden.

<u>Tabelle E 8</u> Gruppensequentielle Pläne J = 10
durchschnittliche Fallzahl E (N/H_1) *)

Testplan / ß	2 α = 0,10				2 α = 0,05				2 α = 0,01			
	Plan I	Plan II	Plan III	Plan IV	Plan I	Plan II	Plan III	Plan IV	Plan I	Plan II	Plan III	Plan IV
0,5	5,863	4,965	5,079	5,240	8,288	7,089	7,180	7.447	14,069	12,341	12,363	12,859
0,4	7,130	6,327	6,407	6,528	9,708	8,684	8,732	8,912	15,789	14,407	14,397	14,659
0,3	8,385	7,827	7,828	7,877	11,087	10,419	10,384	10,423	17,429	16,613	16,540	16,466
0,25	9,016	8,658	8,598	8,597	11,779	11,373	11,277	11,221	18,237	17,815	17,695	17,407
0,2	9,664	9,578	9,425	9,372	12,480	12,421	12,237	12,071	19,048	19,132	18,948	18,397
0,1	11,081	11,922	11,427	11,259	13,992	15,092	14,563	14,130	20,765	22,449	22,004	20,753
0,05	11,976	13,763	12,653	12,685	14,931	17,172	16,232	15,672	21,798	25,027	24,254	22,500
0,01	13,234	17,028	14,985	15,203	16,230	20,391	18,765	18,430	23,182	29,636	27,821	25,623

*) Jeder Tabellenwert muß noch mit σ^2 / δ^2 multipliziert werden.